马铃薯
金线虫风险分析

全国农业技术推广服务中心　主编

MALINGSHU
JINXIANCHONG FENGXIAN FENXI

中国农业出版社
北　京

图书在版编目（CIP）数据

马铃薯金线虫风险分析/全国农业技术推广服务中心主编. —北京：中国农业出版社，2021.12
ISBN 978-7-109-26487-8

Ⅰ.①马… Ⅱ.①全… Ⅲ.①马铃薯－线虫感染－风险分析－研究　Ⅳ.①S435.32

中国版本图书馆CIP数据核字(2020)第022056号

中国农业出版社出版
地址：北京市朝阳区麦子店街18号楼
邮编：100125
责任编辑：刁乾超　文字编辑：黄璟冰
版式设计：王　怡　责任校对：刘丽香　责任印制：王　宏
印刷：北京缤索印刷有限公司
版次：2021年12月第1版
印次：2021年12月北京第1次印刷
发行：新华书店北京发行所
开本：787mm×1092mm　1/16
印张：7.25
字数：160千字
定价：60.00元

编审委员会

主　　任　魏启文
副 主 任　赵守歧　冯晓东　刘　慧

编写委员会

主　　编　刘　慧　彭德良
副 主 编　赵守歧　彭　焕　马　晨
编写人员（按姓氏笔画排序）

编写单位　全国农业技术推广服务中心

前　言
FOREWORD

　　《中华人民共和国生物安全法》将防控动植物疫情纳入生物安全范畴，要求建立国家生物安全风险监测预警制度和国家生物安全风险调查评估制度。马铃薯是我国第四大主粮，马铃薯产业是部分地区巩固脱贫攻坚成果和实施乡村振兴战略的主导产业。马铃薯金线虫是世界上重要的检疫性有害生物，主要危害马铃薯等作物，抗逆性极强，防控和根除较难。从发现至今，全世界仅在澳大利亚西部一片15公顷的发生地被成功根除。对马铃薯金线虫开展有害生物风险分析，加强风险管控，防止马铃薯金线虫的扩散蔓延，对保护我国马铃薯生产安全、生态环境安全和国家生物安全有着十分重要的意义。

　　《马铃薯金线虫风险分析》提出了马铃薯金线虫在我国的潜在适生区域、潜在危害以及风险管理措施，并介绍了欧盟、美国等国外有关马铃薯金线虫的诊断、国家监管、监测等法规。希望本书的出版，能够为各地开展马铃薯金线虫等检疫性有害生物的监测、调查、监管等提供借鉴。

　　由于时间仓促，水平有限，不妥之处请各位读者批评指正。

编　者

目　录
CONTENTS

绪　　论

马铃薯金线虫（*Globodera rostochiensis*）属垫刃目、异皮线虫科、球胞囊属，是国际公认的重要检疫性有害生物，也是我国进境植物检疫性有害生物，主要为害马铃薯等茄科植物，目前在我国没有分布。据国外报道，在马铃薯金线虫广泛分布地区实施严格的防治措施后，该线虫危害造成的马铃薯产量损失仍达9%；在热带地区，危害严重时造成产量损失80%～90%，甚至绝收。为防止其传入，长期以来我国一直禁止马铃薯种薯的商业引进，目前，尚未批准任何食用马铃薯的输入。2000年以来，我国逐步解禁了荷兰等部分疫情发生国家的种薯进口。风险分析认为，随着贸易的发展，马铃薯金线虫极有可能随马铃薯种质资源等的交换和引进传入我国。马铃薯金线虫在我国马铃薯产区均适合发生为害，潜在危害损失和社会影响巨大。建议在传入定殖高风险区域设立监测点，建立马铃薯金线虫监测体系，加强马铃薯种薯的检疫监督管理，发现疫情及时处置。

第1章 马铃薯金线虫基本情况

侵染前2龄幼虫在土壤中的最大迁移距离约为1m，因此大部分迁移是通过被动运输实现的。其主要传播途径是随受侵染的种薯或随携带受侵染土壤的工具（例如，农具）从一个地方迁移至另一个地方。

2龄幼虫从卵内孵化出来后，通过口针刺穿根部表层组织和内层组织的细胞壁，然后侵入近根尖端。最后，幼虫在中柱鞘、皮层或内皮层细胞中取食。在线虫诱导下，根维管束细胞增大，细胞壁分裂，形成一个较大的合胞体转移细胞。该合胞体为线虫的发育提供了所需的养分。马铃薯植株受到侵染后，植株根系减少，吸收水分量减少，最终可能导致植株死亡。

1.1 寄主范围

马铃薯金线虫寄主范围较窄，主要危害的农作物有马铃薯、番茄及其他茄属植物。此外，金鱼草、曼陀罗、天仙子、酢浆草、光龙葵、欧白英、藜等植物也是其寄主。

1.2 危害症状

马铃薯金线虫寄生在马铃薯等寄主植物的根部为害，属于固着性内寄生线虫。孢囊内卵受寄主根分泌物的刺激孵化出2龄幼虫，侵入寄主根部。根系受害后，引起地上部分矮

鲁甸马铃薯金线虫症状（彭德良　摄）

威宁马铃薯金线虫症状（彭德良　摄）

马铃薯根系上及土壤中马铃薯金线虫孢囊（彭德良 摄）

化、发黄和失绿等症状，马铃薯上常表现为早衰和侧根增生，结薯小且少。田间病株分布不均匀，有发病中心团，随着连续种植马铃薯和农事操作，病团逐年扩大，直至全田发病。

1.3 形态特征

马铃薯金线虫主要形态特征如下（鉴定方法见附件1）。

雌虫：亚球形，具突出的颈，虫体球形部分的角质层具有网状脊，无侧线。口针锥部约为口针长度的50%，有时略弯曲，口针基部球圆形，明显向后倾斜。排泄孔明显，位于颈基部。阴门膜略凹陷，阴门横裂状。肛门位于阴门膜之外，肛门与阴门间角质层有20个平行脊。

孢囊：亚球形具突出的颈，无突出的阴门锥；阴门锥为单环膜孔型（Single Circumfenestrate），新孢囊的阴门锥完整，较老的孢囊部分或全部阴门锥丢失。无阴门桥、下桥及其他残存的腺体结构；无泡状突，但阴门区域可能有一些小且不规则的黑色素沉积物。无亚晶层，角质膜与雌虫相似，为"Z"字形（Stone，1973）。

2龄幼虫：蠕虫形，角质层环纹明显，侧区4条侧线，偶尔有网格化。头部轻微缢缩，4～6个环纹。口盘卵圆形，侧唇和1对背腹亚中唇环绕口盘。口盘和唇形成卵圆形轮廓。头骨架严重骨化，前、后头状体分别位于2～3个和6～8个体环处。口针发育好，口针锥部小于口针长的50%，口针基部球略向后倾斜，食道腺体在腹面延伸至排泄孔后35%体长处，排泄孔位于20%体长处，半月体2个体环长，位于排泄孔前1个环纹处，半月小体小于1个体环长，位于排泄孔后5～6个环纹处。4个生殖腺原基（Gonadial Primordium）几乎位于60%体长处，尾部渐变尖细。

雄虫：蠕虫形，钝圆形的尾，热杀死固定时，虫体弯曲，后部卷曲90°～180°，呈"C"形或"S"形，角质层具规则环纹，侧区4条侧线延伸至尾末端，两条外侧线具网纹但内侧线无网纹。头部圆形缢缩，具6～7个环纹，头骨架严重骨化。前头状体（Anterior Cephalid）和后头状体分别位于第2～4个和第6～9个体环处。口针发育好，基部球向后倾斜，口针锥部占整个口针长的45%。中食道球椭圆形，中间有明显的新月形瓣门，无明显的食道肠瓣状结构。半月体2个环纹长，位于排泄孔前2～3个环纹处，半月小体1个环纹长，位于排泄孔后9～12个体环处。单精巢，泄殖腔开口小，具升起的唇。交合刺强壮，弓形，末端单指尖状。

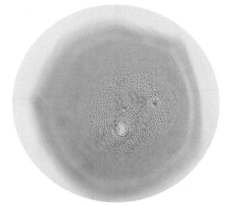

赫章马铃薯金线虫阴门膜孔（彭德良　摄）

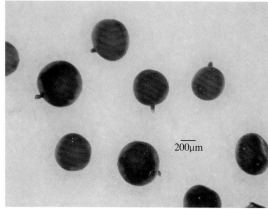

放大倍率：1.26X

赫章马铃薯金线虫孢囊（彭德良　摄）

威宁马铃薯金线虫孢囊（彭德良　摄）

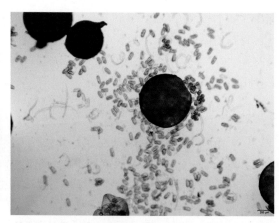

赫章马铃薯金线虫孢囊内的卵和幼虫（彭德良　摄）

1.4 生活史

马铃薯金线虫生活史受温度、湿度、昼长等因素影响较大，发育周期各地不一，但与寄主植物的生活周期保持同步。幼虫共4龄。1龄幼虫在孢囊内，2龄幼虫侵入根尖后，一直在根内取食为害。4龄幼虫蜕皮后变成成虫，雄成虫离开植株进入土内，雌成虫仅头和颈部固着于根内。雌虫交配后，卵留在雌虫体内，雌虫死后变成孢囊，马铃薯收获后，孢囊从根部脱落，留于土壤。孢囊内常含200～600个卵，每年孢囊内的卵仅少部分孵化，卵可在孢囊内存活长达30年。

1.5 与相似种的区别

马铃薯金线虫与白线虫的形态学特征非常相似，难以区分。两个种的主要区别是马铃薯白线虫的幼虫通常比马铃薯金线虫大；白线虫的幼虫口针较长，为21～26（23.6）μm，而金线虫的幼虫口针较短，为21～23（21.8）μm；白线虫的幼虫体较长，为440～525（484）μm，而金线虫的幼虫体较短，为425～505（468）μm；白线虫的幼虫尾较长，为46～52（51.9）μm，而金线虫幼虫尾长为40～50（43.9）μm；白线虫幼虫口针基部球前表面向前突起，而金线虫的幼虫口针基部球圆形，向后倾斜（表1-1）。

表1-1 马铃薯金线虫和马铃薯白线虫幼虫形态特征比较

	马铃薯金线虫幼虫	马铃薯白线虫幼虫
口针	较短，21～23（21.8）μm	较长，21～26（23.6）μm
体长	较短，425～505（468）μm	较长，440～525（484）μm
幼虫尾长	较短40～50（43.9）μm	较长，46～52（51.9）μm

白线虫的雌虫为白色或奶油色至亮褐色，金线虫雌虫为金黄色；白线虫雌虫口针较长，为23～29（26.7）μm，而金线虫雌虫口针较短，为21～25（22.9）μm；白线虫雌虫阴门与肛门间角质层的脊数为8～20（12.2）个，而金线虫雌虫阴门与肛门间角质层的脊数为16～31（21.6）个。白线虫孢囊阴门与肛门间距离较短，为32～35μm，而金线虫孢囊阴门与肛门间距离较长，为88～102μm（表1-2）。

表1-2 马铃薯金线虫和马铃薯白线虫雌虫形态特征比较

	马铃薯金线虫雌虫	马铃薯白线虫雌虫
颜色	金黄色	白色或奶油色至亮褐色
口针	较短，21～25（22.9）μm	较长，23～29（26.7）μm
个阴门与肛门间角质层的脊数	16～31（21.6）个	8～20（12.2）个
胞囊阴门与肛门间距离	较长，为88～102μm	较短，为32～35μm

1.6 分布范围

据中国国家有害生物检疫信息平台和国际应用生物科学中心（CABI）网站查询结果，目前，马铃薯金线虫在世界80个国家和地区有发生分布（表1-3），其中，欧洲有英国、荷兰、法国、比利时、俄罗斯、葡萄牙、瑞典、瑞士和意大利等40个国家和地区；北美洲有加拿大、美国、墨西哥、哥斯达黎加和巴拿马5个国家；南美洲有智利、阿根廷、秘鲁、委内瑞拉、哥伦比亚、厄瓜多尔和玻利维亚7个国家；大洋洲有澳大利亚、新西兰及诺福克岛3个国家和地区；非洲有南非、肯尼亚、埃及、阿尔及利亚、利比亚、摩洛哥、塞拉利昂、突尼斯8个国家；亚洲有印度、马来西亚、以色列、印度尼西亚和日本等17个国家。

表1-3 马铃薯金线虫地理分布

序号	地区	国家	具体地区
1	北美洲	巴拿马	
2	北美洲	哥斯达黎加	
3	北美洲	加拿大	
	北美洲	加拿大	不列颠哥伦比亚省
	北美洲	加拿大	纽芬兰省
4	北美洲	美国	
	北美洲	美国	加利福尼亚州
	北美洲	美国	纽约州
5	北美洲	墨西哥	
6	大洋洲	澳大利亚	
	大洋洲	澳大利亚	维多利亚州
	大洋洲	澳大利亚	西澳大利亚州
7	大洋洲	诺福克岛	
8	大洋洲	新西兰	
9	非洲	阿尔及利亚	
10	非洲	埃及	
11	非洲	肯尼亚	
12	非洲	利比亚	
13	非洲	摩洛哥	
14	非洲	南非	
15	非洲	塞拉利昂	
16	非洲	突尼斯	
17	南美洲	阿根廷	
18	南美洲	玻利维亚	
19	南美洲	厄瓜多尔	
20	南美洲	哥伦比亚	
21	南美洲	秘鲁	
22	南美洲	委内瑞拉	
23	南美洲	智利	

(续)

序号	地区	国家	具体地区
24	欧洲	阿尔巴尼亚	
25	欧洲	爱尔兰	
26	欧洲	爱沙尼亚	
27	欧洲	奥地利	
28	欧洲	白俄罗斯	
29	欧洲	保加利亚	
30	欧洲	比利时	
31	欧洲	冰岛	
32	欧洲	波兰	
33	欧洲	丹麦	
34	欧洲	德国	
35	欧洲	俄罗斯	
	欧洲	俄罗斯	东西伯利亚
	欧洲	俄罗斯	俄罗斯北部地区
	欧洲	俄罗斯	俄罗斯远东地区
	欧洲	俄罗斯	南部俄罗斯
	欧洲	俄罗斯	西西伯利亚
	欧洲	俄罗斯	中部俄罗斯
36	欧洲	法国	
	欧洲	法国	法国[大陆]
37	欧洲	法罗群岛	
38	欧洲	芬兰	
39	欧洲	荷兰	
40	欧洲	捷克	
41	欧洲	克罗地亚	
42	欧洲	拉脱维亚	
43	欧洲	立陶宛	
44	欧洲	列支敦士登	
45	欧洲	卢森堡	
46	欧洲	罗马尼亚	
47	欧洲	马耳他	
48	欧洲	挪威	
49	欧洲	葡萄牙	
	欧洲	葡萄牙	马德拉岛
	欧洲	葡萄牙	葡萄牙[大陆]
50	欧洲	前南斯拉夫	
51	欧洲	瑞典	
52	欧洲	瑞士	
53	欧洲	塞尔维亚和黑山	
54	欧洲	斯洛伐克	

（续）

序号	地区	国家	具体地区
55	欧洲	斯洛文尼亚	
56	欧洲	苏格兰	
57	欧洲	乌克兰	
58	欧洲	西班牙	
	欧洲	西班牙	加那利群岛
	欧洲	西班牙	西班牙[大陆]
59	欧洲	希腊	
	欧洲	希腊	克利特岛
	欧洲	希腊	希腊[主要大陆]
60	欧洲	匈牙利	
61	欧洲	意大利	
	欧洲	意大利	意大利[大陆]
62	欧洲	英国	
	欧洲	英国	北爱尔兰
	欧洲	英国	海峡群岛
	欧洲	英国	英格兰和威尔士
63	亚洲	土耳其	
64	亚洲	阿曼	
65	亚洲	巴基斯坦	
66	亚洲	菲律宾	
67	亚洲	黎巴嫩	
68	亚洲	马来西亚	
69	亚洲	日本	
	亚洲	日本	北海道
	亚洲	日本	九州
70	亚洲	塞浦路斯	
71	亚洲	沙特阿拉伯	
72	亚洲	斯里兰卡	
73	亚洲	塔吉克斯坦	
74	亚洲	叙利亚	
75	亚洲	亚美尼亚	
76	亚洲	以色列	
77	亚洲	印度	
	亚洲	印度	喀拉拉邦
	亚洲	印度	泰米尔纳德邦
78	亚洲	印度尼西亚	
	亚洲	印度尼西亚	爪哇
79	亚洲	约旦	

第2章　马铃薯金线虫传播途径

马铃薯金线虫主要以孢囊的形态随人为活动进行远距离传播。

孢囊可随马铃薯种薯、苗木、花卉鳞球茎、消费或加工用马铃薯块茎上黏附的土壤传播到新的地区。

农事操作、污染的农具和交通工具可将农田土壤中的孢囊带走，也是重要的传播途径。

大风、水流、雨水也能传播。

在土壤内，马铃薯金线虫2龄幼虫可短距离移动。

在我国，马铃薯金线虫极有可能随马铃薯种薯及土壤进行远距离传播。

第3章 马铃薯金线虫潜在的适生区域

3.1 我国马铃薯生产总体现状

我国马铃薯栽培始于明朝万历年间，京津地区是我国最早见到马铃薯的地区之一，已有400多年的栽培历史。我国马铃薯种植区域广泛，北起黑龙江，南至海南岛都有马铃薯种植，除江苏、河南、广西和海南等省份种植面积较小外，其余各省份均有大面积种植马铃薯。

我国马铃薯种植面积和产量在1961—2017年间成逐年上升趋势：1961年我国马铃薯种植面积为130万hm²，产量为1 290.7万t，单产为世界平均水平的81.1%，为661.5kg/亩*。至2017年，种植面积达到576.7万hm²，产量增加至9 920.5万t，种植面积和产量分别占全球的29.9%和25.5%；单产增加为1 146.73kg/亩，为全球单产平均水平的85.6%。种植面积、产量和单产比1961年分别增长了343.6%、668.6%和73.4%。种植面积和产量均有大幅上升，而单产在统计的年份中只有1961年、1973年、1974年、1977年和1998年达到了世界平均水平。近20年来我国的马铃薯单产水平仍落后于世界平均水平。

随着我国马铃薯种植业的迅速发展，马铃薯生产的区域布局逐渐形成。统计2007—2016年全国主要省份马铃薯产量发现，马铃薯主产区集中在我国西北和西南地区，甘肃、贵州、内蒙古、四川、云南5个省份总的马铃薯种植面积和产量占比超过全国的50%（图3-1、图3-2）。

马铃薯产业发展对于保障食物安全、促进农业现代化、发展区域经济等意义重大。中国是全球最大的发展中国家，马铃薯产业在中国发挥越来越重要的作用。随着马铃薯在我国粮食生产中的地位持续上升，2015年，农业部把马铃薯主粮化工作列入重要议程。2016年，农业部为贯彻落实2016年中央1号文件精神和新形势下国家粮食安全战略部署，推进农业供给侧结构性改革，转变农业发展方式，加快农业转型升级，把马铃薯作为主粮产品进行产业化开发，正式发布了《关于推进马铃薯产业开发的指导意见》。意见中提出，将马铃薯作为主粮产品进行产业化开发，到2020年，马铃薯种植面积扩大到6.67万hm²以上，平均亩产提高到1 300kg，总产达到1.3亿t。意见中指出，要完善马铃薯生产扶持政策，落实农业支持保护补贴、农机购置补贴等政策；加大科研投入，提升科技创新对马铃薯产业发展的驱动能力等。在目前中国马铃薯主粮化战略的背景下，马铃薯产业在中国的发展前景将更加广阔。

---

* 亩为非法定计量单位。1亩≈0.066 7hm²。——编者注

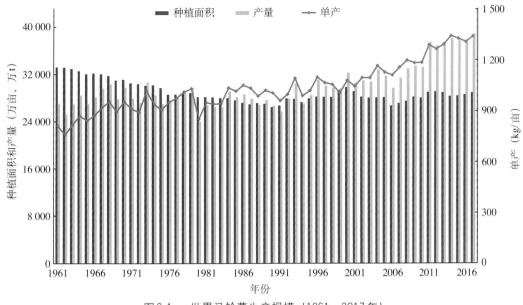

图3-1 世界马铃薯生产规模（1961—2017年）

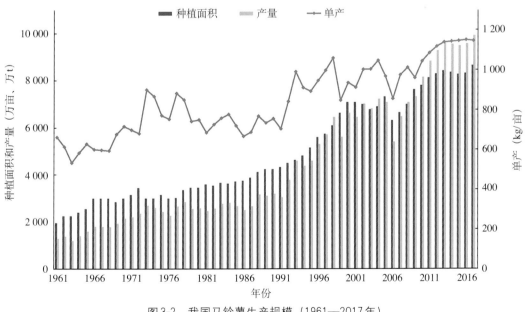

图3-2 我国马铃薯生产规模（1961—2017年）
（数据来源于FAO）

3.2 潜在的适生区域

研究表明，马铃薯金线虫能在任何能够种植马铃薯的环境中存活。在较冷温度条件下（如在英格兰）每年主要发生1代，发生时期依赖于种植时期。在温暖地区（如在以色列），是在冬季侵染种植的寄主作物。加拿大纽芬兰地区与我国黑龙江纬度相近，于1962年发现马铃薯金线虫为害，每年约投入80万加元用于控制和研究，目前仍未根除。马铃薯金线虫在温带、热带和寒带地区广泛分布，欧洲和地中海地区所有种植马铃薯区域均有马铃薯金线虫发生。因此，可推断我国所有马铃薯种植区域均适合马铃薯金线虫定殖和为害，我国西南地区、西北地区、东北地区等马铃薯主产区均为冷凉区域，且是我国重要的马铃薯种薯生产区域，是马铃薯金线虫传入和发生的高风险区域。

第4章 马铃薯金线虫潜在的危害评估

马铃薯金线虫卵能在孢囊内存活多年，抗逆性极强，防控和根除较难。在马铃薯金线虫发生国家和地区，除对马铃薯进行严格检疫外，主要采取土壤熏蒸和轮作（一般3年以上）方法进行控制。但是熏蒸和轮作对于我国尤其是西南山区实施难度大。马铃薯是我国四大主粮作物之一，全国各省份均有种植，种植面积和总产量占世界的1/4以上；而番茄和茄子是我国重要的蔬菜，种植广泛，一旦该线虫在我国定殖，造成的损失难以估量。

4.1 传入扩散可能性高

1997年我国农业部发布公告，禁止从48个马铃薯金线虫发生国家和地区进口马铃薯块茎及繁殖材料（表4-1）。但是，仍有少数来自于疫区的用于科研目的的种薯进入我国。随着贸易发展需要，2000年以来，我国先后开放进口荷兰（尚未产生贸易）、加拿大、美国（仅限于阿拉斯加）和英国（微型薯）的种薯。此外，马铃薯金线虫的发生分布范围逐渐扩大，现有分布区域远超过1997年公告的疫情发生区，这也意味着有可能从其他该线虫发生的国家和地区引进的马铃薯及种薯存在风险。马铃薯金线虫孢囊很小，即使种薯等带土量很少，仍可能随土壤被埋在种薯的芽眼或任何不规则的凹面中传播。我国口岸多次在货物上截获马铃薯金线虫：2000年3月，江苏3个口岸3次在国际航行船舶上截获马铃薯金线虫，表明马铃薯金线虫传播方式隐蔽，传播途径复杂。因此，马铃薯金线虫极有可能随马铃薯和种薯传入我国。

表4-1 我国禁止马铃薯出境的国家和地区

禁止进境物	禁止进境的原因 （防止传入的危险性病虫害）	禁止的国家或地区
马铃薯块茎及繁殖材料	马铃薯黄矮病毒 马铃薯帚顶病毒 马铃薯金线虫 马铃薯白线虫 内生集壶菌	亚洲：日本、印度、巴勒斯坦、黎巴嫩、尼泊尔、以色列、缅甸 欧洲：丹麦、挪威、瑞典、独联体、波兰、捷克、斯洛伐克、匈牙利、保加利亚、芬兰、病毒、德国、奥地利、瑞士、荷兰、比利时、英国、爱尔兰、法国、西班牙、葡萄牙、意大利 非洲：突尼斯、阿尔及利亚、南非、肯尼亚、坦桑尼亚、津巴布韦 美洲：加拿大、美国、墨西哥、巴拿马、委内瑞拉、秘鲁、阿根廷、巴西、厄瓜多尔、玻利维亚、智利 大洋洲：澳大利亚、新西兰

4.2 定殖适生范围广

国外研究报道，马铃薯金线虫孵化的最适温度为20℃，20 ～ 25℃为侵入和发育的最适温度。我国马铃薯主要产区均气候凉爽，如东北、西北、西南地区，气温较低，适合马铃薯孢囊线虫的暴发流行。马铃薯是我国重要的粮食作物和经济作物，番茄、茄子产业是我国蔬菜产业的重要组成部分，种植广泛。因此，马铃薯金线虫，马铃薯金线虫孢囊一旦传入我国，温、湿度条件合适，且寄主植物普遍，定殖适生范围广。

4.3 潜在经济损失大

4.3.1 造成直接经济损失大

马铃薯金线虫为害根部引起马铃薯产量降低甚至绝收，造成直接经济损失，且没有有效的根除方法。近年来，我国马铃薯种植面积基本稳定，总产略有增加（近年来马铃薯种植面积和产量见表4-2）。2018年，我国马铃薯种植面积7 000多万亩，总产量1 804.88万t，按照平均20%的产量损失计算，以商品薯2.0元/kg来计算，每年造成的直接经济损失可达400亿元。一旦马铃薯金线虫扩散危害番茄和茄子，损失将更大。

表4-2　2012—2018年中国马铃薯行业产量及种植面积情况

年　份	产量（万t）	种植面积（万hm²）
2012	1 687.17	503.08
2013	1 717.59	502.58
2014	1 683.11	491.04
2015	1 645.33	478.56
2016	1 698.57	480.24
2017	1 769.63	485.99
2018	1 804.88	490.22

4.3.2 影响马铃薯出口贸易

（1）我国马铃薯贸易现状

全球马铃薯及产品的贸易量迅速上涨，进出口量基本满足同比增长。我国的马铃薯种植面积和总产量均居世界第一位，但产量大国地位与贸易国地位极不相称（冯献等，2012）。我国马铃薯国际贸易的主要类型包括种用马铃薯、鲜或冷藏马铃薯、冷冻马铃薯、马铃薯淀粉、马铃薯细粉等。根据联合国商品贸易统计数据库中我国1992—2018年马铃薯贸易量显示：中国马铃薯及产品的出口量在波动中增加，而进口量波动明显（图4-1）。2018年我国马铃薯出口量、出口额分别为47.81万t、3.05亿美元，同比分别减少11.5%和6.0%；进口量和进口额分别为19.26万t、2.14亿美元，同比分别大幅增加48.1%和39.7%。

从出口品种来看，鲜或冷藏的马铃薯是2018年我国马铃薯主要出口品种，占出口总量的95.97%，出口量、出口额分别为44.80万t、2.61亿美元，比2017年分别减少了12.1%和6.9%。从出口目的地来看，我国马铃薯出口市场相对集中，主要出口马来西亚、俄罗斯、

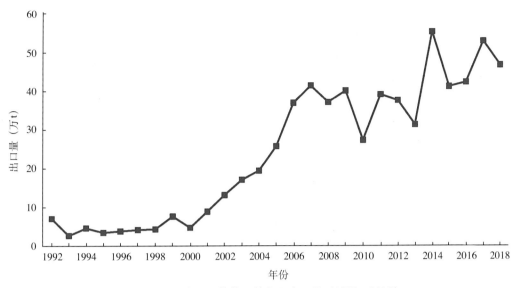

图 4-1　中国马铃薯及其产品出口量（1992—2018）

越南和新加坡等国家，其中马来西亚是我国最大的马铃薯出口市场（周向阳等，2019）。从进口品种来看，马铃薯淀粉是 2018 年我国马铃薯及其产品主要进口品种，进口量为 4.9 万 t，占比为 83.57%；进口国主要为德国、荷兰、波兰和美国。

（2）对马铃薯出口贸易的影响

马铃薯金线虫是国际上关注的重要检疫性有害生物，欧盟、南锥体区域植保委员会、欧洲和地中海植保组织将马铃薯金线虫作为检疫性有害生物；马来西亚、俄罗斯、印度尼西亚、土耳其、阿尔巴尼亚、阿尔及利亚、爱沙尼亚、安提瓜和巴布达、巴拉圭、巴西、白俄罗斯、保加利亚、塞尔维亚、比利时、冰岛、波兰、丹麦、哥斯达黎加、古巴、韩国、荷兰、吉尔吉斯斯坦、加拿大、捷克、克罗地亚、拉脱维亚、老挝、立陶宛、罗马尼亚、马达加斯加、马耳他、马其顿、毛里塔尼亚、美国、摩尔多瓦、摩洛哥、墨西哥、南非、挪威、瑞士、塞尔维亚、斯洛伐克、斯洛文尼亚、突尼斯、乌克兰、乌拉圭、匈牙利、也门、印度尼西亚、约旦、越南、智利等 50 多个国家也将其作为检疫性有害生物管理。据 https://comtrade.un.org/data/ 查询，我国 2017 年出口马铃薯 264 956.75 t，主要出口国有马来西亚、俄罗斯、越南、哈萨克斯坦、斯里兰卡、新加坡、印度尼西亚、蒙古国、埃及、尼日利亚、土耳其、科威特、波兰、德国等 45 个国家。一旦我国马铃薯发生马铃薯金线虫，极有可能影响我国马铃薯鲜薯和种薯出口贸易。除马铃薯外，其他带根的农产品出口也将严重受阻。

4.3.3　防控成本高

马铃薯金线虫具有休眠和滞育的特性，在土壤内能存活多年，铲除极其困难。土壤熏蒸剂能杀死大量的线虫，但是价格比较昂贵，很难大面积实施。

4.4　社会影响不可低估

马铃薯是我国第四大主粮，人均消费日益增加。马铃薯金线虫一旦传播、扩散和蔓延,防控成本高,灭杀效果有限,如贵州、云南、四川等马铃薯种植区域大都为山区,不适宜采用土壤熏蒸处理。马铃薯作为山区人民主食,也是主要的经济来源,采用轮作方法的效益和可行性有待商榷。马铃薯、番茄是贫困地区农业增效、农民增收的重要农作物,已逐渐成为优势产业。贫困地区发展马铃薯生产极有可能随种薯传入马铃薯金线虫,直接影响产业扶贫效果。熏蒸剂、杀线虫剂一般有毒,由于安全问题或其对臭氧层的影响,同时存在污染地下水的风险,所以以前用于线虫控制的许多化学品现已被禁止使用或正在逐步淘汰。

第5章 风险管理措施

马铃薯金线虫传入早期很难发现，国外经验表明，马铃薯金线虫从定殖到被发现有危害状至少需要7～8年，这导致该线虫的发现、监测和调查难。鉴于马铃薯金线虫传入风险高，定殖适生范围广，调查、防控铲除难，为防止马铃薯金线虫传入和危害，提出如下风险管理措施。

5.1 建立马铃薯金线虫监测体系

所有防控措施均是建立在合理监测基础上的。在马铃薯主产区尤其是马铃薯种薯主要生产区设立监测点，建立马铃薯金线虫监测体系，开展日常监测和调查。学习借鉴国外先进经验，如《加拿大和美国马铃薯孢囊线虫（马铃薯金线虫和马铃薯白线虫）监测和植物检疫措施指导原则》（附件2），并在监测调查过程中不断完善监测调查方案。发现疑似疫情，采集疑似土壤样品和马铃薯及时送有关专家检测。

5.2 加强马铃薯种薯检疫

马铃薯种薯是马铃薯金线虫风险最高的传播途径。欧盟和日本等国家和地区均对马铃薯种薯严格检疫管理，要求种薯不能携带马铃薯金线虫等疫情，确保疫情不随种薯调运扩散，减少传播源，降低危害损失。我国海关应加强对进境马铃薯种薯的检疫检测。我国国内农业植物检疫机构应加强对内蒙古、甘肃、宁夏及西南等地区马铃薯种薯检疫，密切监测马铃薯金线虫等疫情，确保种薯健康。

5.3 应急处置疫情发生点

一旦发现疫情，应立即封锁疫情发生点，划定疫情发生区，对疫情发生点采取销毁马铃薯薯块和植株、土壤熏蒸、种植诱集寄主等应急处置措施，禁止发生点再次种植马铃薯、番茄、茄子等茄属植物，同时禁止疫情发生区的马铃薯薯块和种薯调出。有条件的区域可采取其他根除措施。

土壤熏蒸：采用威百亩、溴甲烷或棉隆等杀线虫剂进行土壤熏蒸。据报道，美国2006年在爱达荷针对马铃薯白线虫采取溴甲烷熏蒸，孢囊内卵的活性衰退率达99%。

种植诱集寄主：马铃薯金线虫一旦成功侵入寄主，将在根上固定取食，无法自由移动。国外报道，采用马铃薯诱集寄主，土壤中的线虫密度下降73%～87%。利用其专性寄生的特点，土壤熏蒸后，继续种植马铃薯，作为诱捕植物刺激马铃薯金线虫孵化，30 ～ 50d 后喷洒除草剂杀灭马铃薯植株，导致线虫无法继续发育而死亡。

5.4 加强技术储备和检疫能力建设

建议组织有关专家密切关注国外有关马铃薯金线虫的发生、防控技术进展等信息，重点对马铃薯金线虫生物学、适生范围、疫情灾变流行规律和封锁控制措施等进行研究，做好技术储备。马铃薯金线虫在欧洲等国家已发生多年，发生国家已形成了比较完整的国家监管体系（欧盟《马铃薯金线虫和白线虫国家监管体系》《出口前和进口时对附着在马铃薯块茎上的土壤进行取样检测》分别见附件3、附件4），建议学习其先进经验，开展马铃薯金线虫的识别、监测和防控技术培训，提升我国农业植物检疫人员对该线虫的鉴别和防控水平。

参考文献

冯献, 詹玲, 2012.中国马铃薯贸易形势与前景展望[J].农业贸易展望(9):45-50.

韩嫣, 武拉平, 2016.中国马铃薯贸易形势及竞争策略[J].农业贸易展望(10):58-62.

王秀丽, 王士海, 2017.全球马铃薯进出口贸易格局的演变分析——兼论中国马铃薯国际贸易的发展趋势[J].世界农业(9):123-130, 139.

周向阳, 张洪宇, 张晶, 等, 2019.2018年马铃薯市场形势回顾及2019年展望[J].中国蔬菜, 363(5):14-17.

附件1　马铃薯金线虫和马铃薯白线虫诊断

具体范围

本标准描述了一种诊断马铃薯金线虫和白线虫的方法[1]。

本标准中所用术语的定义可参阅欧洲和地中海植物保护组织（EPPO）线虫形态学术语图解[2]。

本标准应与PM 7/76《EPPO诊断规程的应用》相结合使用。

审批与修订信息

本规程于2003年9月获批为EPPO标准。

修订版本分别于2009年9月、2012年9月、2017年2月通过审批。

1　简介

马铃薯金线虫和马铃薯白线虫（马铃薯孢囊线虫，PCN）给马铃薯（*Solanum tuberosum*）的生产造成重大损失（van Riel等，1998）。侵染前2龄幼虫在土壤中的最大迁移距离约为1m。大部分迁移都是通过被动传输实现的。其主要传播途径包括随受侵染的种薯或随受侵染的土壤从一个地方迁移至另一个地方。2龄幼虫从卵内孵化出来后，通过口针刺穿根部表层组织和内层组织的细胞壁，然后侵入近根尖端。最后，幼虫开始从中柱鞘、皮层或内皮层细胞中取食。在线虫诱导下，根维管束细胞增大，细胞壁分裂，形成了一个较大的合胞体转移细胞。该合胞体为线虫的发育提供了所需的养分。马铃薯植株受到侵染后，植株根系减少，吸收水分量减少，最终可能导致植株死亡。

本诊断规程中提供了各种不同的检测和鉴定试验方法，可视情况使用。某些EPPO成员国已开始实施官方管控和常规检测。对于本国样本的检测，分子检测技术是非常行之有效的。而在检测进口材料中的潜在检疫性或有害线虫以及新入侵生物时，则由经验丰富的线虫学家通过形态学方法进行鉴定更为适合（PM 7/76《EPPO诊断规程的应用》）。

马铃薯金线虫和马铃薯白线虫的诊断流程（图1）。

1　在EPPO标准中使用这些化学品或设备的商品名称并不意味着认可这些产品，而将可能也适用的其他产品排除在外。

2　http://www.eppo.int/QUARANTINE/diag_activities/EPPO_TD_1056_Glossary.pdf。

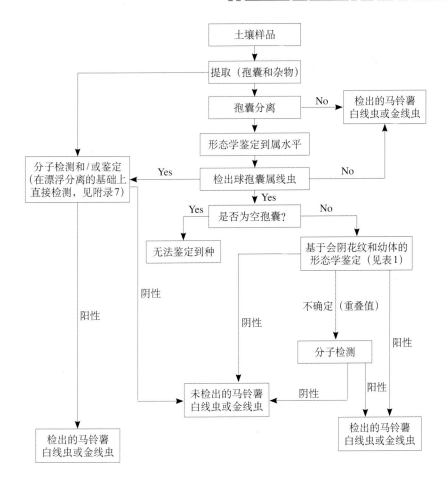

图1 马铃薯金线虫和白线虫的鉴定流程图

2 特征

学名 *Globodera rostochiensis*（Wollenweber，1923），Skarbilovich，1959，马铃薯金线虫。

异名 *Heterodera rostochiensis*，Wollenweber，1923；*Heterodera schachtii solani* Zimmerman，1927；*Heterodera schachtii rostochiensis*（Wollenweber）Kemner，1929。

分类地位 线虫门（Nematoda）垫刃目（Tylenchida）[1]异皮线虫科（Heteroderidae）。

EPPO 编号 HETDRO

植物检疫分类 EPPO A2类名录125号

欧盟附录名称 I/A2

学名 *Globodera pallida*（Stone，1973），马铃薯白线虫。

异名 *Heterodera pallida Stone*，1973。

分类地位 线虫门（Nematoda）垫刃目（Tylenchida）[1]异皮线虫科（Heteroderidae）。

EPPO 编号 HETDPA

植物检疫分类 EPPO A2类名录124号

---

1 基于形态学和分子生物学数据的分类称为垫刃线虫科（Tylenchomorpha）（De Ley et al.，2004）。

欧盟附录名称 I/A2

请注意，马铃薯金线虫和白线虫的鉴定，特别是首次发现的鉴定中需要形态学鉴定和分子生物学鉴定相结合。

3 检测

3.1 病征

PCN病害的地上症状不太明显，常被忽视。一般症状为作物成片生长发育不良，植株有时会出现黄化、叶片萎蔫或死亡，块茎减小，根系出现大量分支并黏附土壤。但是，也有许多其他病害可引起这些症状。因此，应挖出作物，目视检查其根部是否存在孢囊和雌虫，或提取土壤样品进行检测。在根表面肉眼仅可见针头大小的白色、黄色或棕色孢囊和雌性幼虫（图2、图3）。挖出植株根系中孢囊和雌虫的目视检测的方法只能在短期内进行，这是因为随着雌虫发育成熟为孢囊，在挖出植株的过程中易丢失，且检测过程非常耗时。因此，土壤检测是鉴定PCN是否存在的最佳方法。

3.2 法定取样程序

有关取样建议，请参阅理事会于2007年6月11日颁布的关于PCN管控的第2007/33/EC号指令与第69/465/EEC号废止指令（欧盟，2007年）。

3.3 分离程序

从土壤中分离孢囊的方法有多种。其中简易漂浮法与淘洗法的效果较好。线虫分离标准（PM 7/119）中对分离方法进行了详细介绍。球孢囊属线虫的孢囊一般为圆形，这使得它有别于大多数其他的孢囊线虫孢囊。开始鉴定前，需要从漂浮物中挑选出孢囊。这个过程通常需要经验丰富的人员对漂浮物进行检查，以便将线虫孢囊与土壤中近似的球状物分开。这个过程非常耗时，因为它决定了分离的效率，以及是否需要做进一步清理，如，丙酮漂浮分离法。该过程对诊断效率而言至关重要，因为在这个阶段遗漏任何球孢囊属线虫的孢

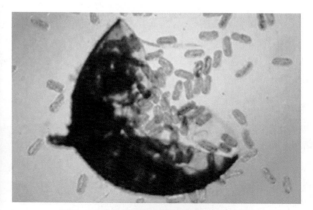

图2 受马铃薯金线虫侵染
的马铃薯根部
（图片来源：荷兰植物保护局）

图3 含有马铃薯白线虫卵的破裂孢囊
（图片来源：荷兰植物保护局）

囊都可能产生假阴性结果。只有训练有素的专家才能基于形态学有效地区分PCN与其他孢囊。

需要活性检测但不能立即处理的潮湿土壤样品应在0～5℃下保存，因为温度会影响孢囊的孵化（Muhammad，1996；Sharma et al.，1998）。不得将土壤样品置于35℃以上的温度下干燥，否则会影响孢囊活性。

3.4 生物检测

另一种检测线虫的方法是生物鉴定法（附录1 试验A）。

3.5 土壤提取物直接检测法

Reid等人开发出一种利用实时荧光定量PCR直接检测和鉴定土壤提取物或漂浮物中是否含有马铃薯金线虫和马铃薯白线虫的方法（2015年）。附件1附录7中对该试验做了介绍。

4 鉴定

马铃薯金线虫和马铃薯白线虫的鉴定必须将形态学和分子鉴定法有机地结合起来，尤其是首次发现该线虫时。

采用形态学法鉴定时，应从土壤、植物根部或块茎处分离2龄幼虫和孢囊。可将雌虫在不同发育阶段的颜色作为鉴定物种的标志：如果雌虫在发育成熟的过程中从白色变为黄色，然后再变成棕色孢囊，则为金线虫；如果直接从白色变为棕色，即为白线虫。在鉴定孢囊及其他发育阶段时，通常需要组合运用形态学及形态特征和（或）分子方法。在条件明确的情况下，可单独采用分子法来鉴定。强力建议采用微分干涉显微镜来检测载玻片上的样品。

4.1 基于形态特征的鉴定

4.1.1 孢囊及幼虫属级鉴定

（1）孢囊：根据孢囊的形态以及阴门和肛门区域的特征来鉴定异皮线虫属孢囊的属级（表1，图4～图7）。更多信息，请参阅Brzeski（1998）、Baldwin et al.（1991）、Wouts et al.（1998）、Siddiqi（2000）、Subbotin（2010）等人的著作。

球孢囊属线虫孢囊的特征如下：

球孢囊线虫的孢囊近圆形，有突出的小颈，无尾突，直径±450μm，孢囊表皮呈棕褐色（图6A）。角质膜表皮具有锯齿状脊纹，呈现出独特的D层图案。会阴区（图4、图7A）由阴门裂周围的单个环窗式膜孔组成，阴门附近的新月形交合刺上有瘤状突起。肛门接近末端，无膜孔；阴门位于阴门盆内；极少存在下桥和泡状突（Fleming et al.，1998），尤其是马铃薯金线虫和白线虫。虫卵包覆在孢囊内，无团状卵块。

（2）幼虫：除孢囊内的幼虫外，在分离完非固着阶段的线虫用于检测后，土壤提取物中还是偶可发现孢囊线虫幼虫。

区分球孢囊线虫与其他异皮线虫的幼虫是很困难的，因此，强烈建议参照本诊断规程，尽可能通过分离孢囊或采用分子生物学的方法检测幼虫的方式进行（附件1 4.2 "分子鉴定法"）。下文中提供了部分信息。

球孢囊线虫的幼虫特征如下：

球孢囊线虫的2龄幼虫可移动，呈蠕虫状，具有环纹，头部和尾部为锥形。球形孢囊属线虫的虫体长445～510μm，口针长18～29μm，尾部长37～55μm，透明尾长21～31μm。

球形孢囊属线虫的幼虫与根结线虫幼虫的区别在于前者的唇架骨质化更明显、口针较发达、尾部形状和外观更粗壮（图8）。在这种情况下，建议通过分离孢囊或对幼虫进行分子鉴定。

表1 球孢囊线虫属的二叉式检索表（Subbotin et al., 2010）

序号	特征	种类
1	柠檬状孢囊、圆形孢囊	无球孢囊线虫 2
2	两个分开的较大膜孔，膜孔大小相同。一个较大的阴门膜孔	无球孢囊属线虫 有球孢囊属线虫
3	孢囊角质层薄、透明 孢囊角质层厚，黑色	*G. mali* 苹果孢囊线虫 2
4	口针J2平均长度≤26μm 口针J2平均长度≤27μm	3 *G. zelandica* 新西兰球孢囊线虫
5	口针J2平均长度<19μm 口针J2平均长度≥19μm	*G. leptonepia* 细螺旋体线虫 4
6	J2透明区>31μm J2透明区≤31μm	*G. bravoae* 仙人掌球孢囊线虫 5
7	Granek平均值通常>2；主要是茄科植物寄生虫 Granek平均值≤2；主要是菊科植物寄生虫	6 11
8	组合特征值：J2 DGO平均值≥5.5μm；Granek平均值<3；J2唇区具有4～6个唇环；口针基部球略向前突起。不具备上述所有组合特征时：J2 DGO平均值<5.5μm	7 8
9	孢囊壁无网状图纹，脊纹紧密；角质层平均脊数=13（10～18）；交合刺末端呈尖刺状。 孢囊壁呈网状或迷宫状；角质层平均脊数=7～8（5～15）；交合刺末端钝圆。	艾灵顿球孢囊线虫 烟草孢囊线虫
10	大部分孢囊样品的端部区域具有泡状突起；J2唇区具有3个唇环；透明区平均长度>28μm 孢囊呈卵形，部分样品在大多数情况下具有较小阴门；J2唇区具有4～6个唇环；透明区平均长度<28μm	*G. capensis* 勿忘草球孢囊线虫 9
11	J2口针基部球呈扁平状，明显向前延伸；J2口针平均长度>23μm；Granek比值<3；J2口针基部球呈圆形至扁平，向前延伸；J2口针平均长度≤23μm；Granek比值≥3	10 *G. rostochiensis* 马铃薯金线虫
12	Granek平均值=2.1～2.5 Granek平均值=2.8	*G. pallida* 马铃薯白线虫 *G. mexicana* 墨西哥孢囊线虫
13	J2唇区具有5～6个唇环 J2唇区具有3个唇环	12 *G. capensis* 勿忘草球孢囊线虫
14	J2口针平均长度≥2μm，引带长度=11.2～12.9μm J2口针平均长度<25μm，引带长度=6.0～9.9μm	*G. millefolii* 欧蓍草球孢囊线虫 *G. artemisiae* 艾草球孢囊线虫

由于取值范围存在较多重叠，因此，球孢囊线虫属形态检索表采用了形态特征计量值的平均数，以此来帮助区分各种属。如果仅用形态检测法诊断种群，则建议将样品与最新的种类记述以及表2中的信息进行比较。

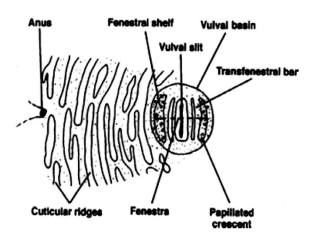

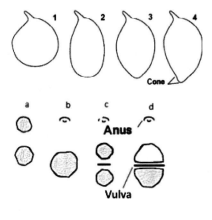

图4　球孢囊属线虫孢囊的会阴区（Hesling，1978）

注：Anus，肛门；Cutlcular ridges，角质层脊纹；Fenestral shelf，膜架；Vulval slit，阴门裂；Vulval basin，阴门盆；Transfenestral bar，柱状透明膜孔；Fenestra，膜孔；Papillated crescent，新月状乳突。

图5　孢囊形态与阴门-肛门区特征

（Baldwin和Mundo-Ocampo，1991）

注：Anus，肛门；Vulva，阴门；Cone，阴门锥。

4.1.2　种级鉴定

由于观察到的关键特征存在多样性，因而很难根据形态对种级进行鉴定。

1：球形（球孢囊线虫）

2：卵形（刻点孢囊线虫）

3：柠檬状，阴门锥减少（部分异皮属线虫或仙人掌孢囊线虫）

4：柠檬状，含锥突（大部分异皮属线虫）

a：肛门区，有膜孔；阴门区，有环窗式膜孔（刻点孢囊属线虫）

b：肛门区，无膜孔；阴门区，有环窗式膜孔（球孢囊线虫和仙人掌孢囊线虫）

c：肛门区，无膜孔；阴门区，有半膜孔-双膜孔（异皮线虫属）

d：肛门区，无膜孔；阴门区，有半膜孔-复窗式膜孔（异皮线虫属）

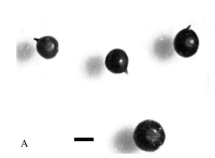

球孢囊线虫属

孢囊线虫属

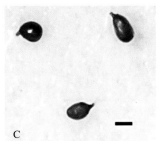

刻点孢囊线虫属

图6　异皮线虫属孢囊　比例尺=350μm

（图片来源：荷兰园艺检测总署）

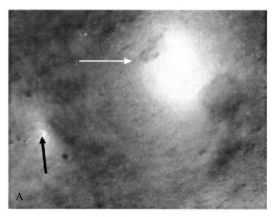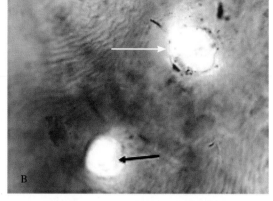

球孢囊线虫属：阴门膜孔，肛门区无膜孔　　　　　刻点孢囊线虫属：阴门和肛门区均有膜孔

图7　会阴区（白色箭头为阴门，黑色箭头为肛门）

（图片来源：荷兰园艺检测总署）

马铃薯白线虫尾部　　马铃薯白线虫幼虫　　马铃薯白线虫体前部　　北方根结线虫尾部　　北方根结线虫幼虫　　北方根结线虫体前部

图8　根结线虫幼虫与异皮属线虫幼虫之间的区别，北方根结线虫与马铃薯白线虫对比图

（图片来源：英国食品与环境研究署）

　　马铃薯金线虫和马铃薯白线虫在形态及形态计量上非常相近（Stone，1973a、1973b）。图9部分地示出了各个不同阶段的马铃薯金线虫（图9A）和马铃薯白线虫（图9B）。对于孢囊而言，最重要的诊断差异存在于会阴区，如，阴门与肛门之间的环状脊数和Granek比值（图10A、图10B）。2龄幼虫的特征差异主要在于口针长度及其基部球的形状（表2，图10C）。需要注意，种属之间的各个特征取值可能存在重叠。在这种情况下，建议采用分子鉴定技术进行确认。还应注意，规程中提供的数据仅针对特定种群，这将导致取值范围出现自然偏差。

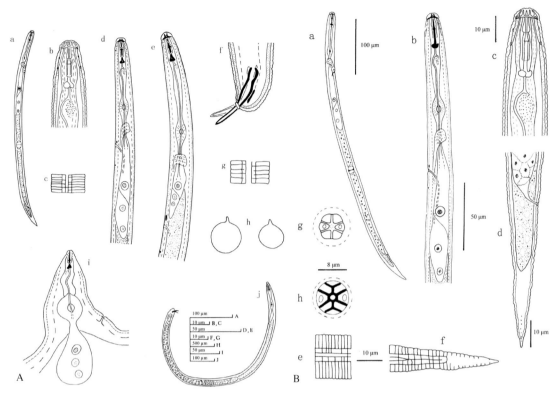

图9A 马铃薯金线虫墨线图

a.幼虫整体 b.2龄幼虫头部区 c.2龄幼虫侧区
d.2龄幼虫食道区 e.雄虫食道区 f.雄虫尾部
g.雄虫侧区 h.孢囊整体 i.雌虫头部和颈部
j.雄虫（C.I.H.植物寄生线虫种类记述，2类，16号）

图9B 马铃薯白线虫2龄幼虫墨线图

a.整虫 b.前端 c.头部 d.尾部 e.侧带区
f.尾部测区 g.与唇部平行的头部和面部
h.与基部平行的头部和面部

A.

B.4种球孢囊线虫的阴门－肛门脊纹

C.4种球孢囊线虫的口针

肛门与阴门盆
之间的距离

阴门盆直径

是否存在乳突脊纹

阴门盆与肛门
之间的脊数

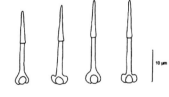

马铃薯
金线虫

马铃薯
白线虫

薯草球
孢囊线虫

烟草
孢囊线虫

马铃薯
金线虫

马铃薯
白线虫

薯草球
孢囊线虫

烟草
孢囊线虫

图10 球孢囊线虫会阴区的鉴定测量
有关薯草球孢囊线虫的信息，请参阅脚注6（Fleming & Powers，1998）。

表2　用于鉴定球孢囊线虫的种属、取值范围和平均值的形态特征和形态计量值（Subbotin et al., 2010）

物种	J2口针				孢囊计量值	
	J2幼虫体长（μm）	基部球宽度（μm）	基部球形状	口针长度（μm）	肛门与阴门盆之间的角质层脊数	Granek比值
马铃薯金线虫	468（425～505）	3～4	圆形延伸至前端扁平	21.8（19～23）	16～31（>14）	1.3～9.5（>3）
马铃薯白线虫	484（440～525）	4～5	明显前突	23.8（22～24）	8～20（<14）	1.2～3.5（<3）
烟草孢囊线虫	477（410～527）	4～5	圆形，略向前突起	24（22～26）	5～15（<10）	1～4.2（<2.8）
欧菁草球孢囊线虫	492（472～515）	4～5	圆形，向前突起	25（24～26）	4～11（<10）	1.6（1.3～1.9）
艾草球孢囊线虫	413（357～490）	3～5	圆形延伸至前端扁平	23（18～29）	5～16（<10）	1.0（0.8～1.7）

　　Krall（1978）将欧菁草球孢囊线虫（Kirjanova et al.,1965；Behrens,1975）视为疑问种，这是因为其特征记述仅基于单个雌虫。Brzeski（1998）报告称"菁草球孢囊线虫与欧菁草球孢囊线虫可能属于相同物种"。Subbotin等人（2010，2011）认为，菁草球孢囊线虫是欧菁草球孢囊线虫的次异名。由此，不再使用菁草球孢囊线虫，而改用欧菁草球孢囊线虫进行命名。

　　孢囊中不含活体（即无活性卵或2龄幼虫）时，无需进行种类鉴定[1]。

　　种类鉴定时可能引起混淆的其他3种球孢囊线虫属是欧菁草球孢囊线虫（Kirjanova et al., 1965；Behrens, 1975）、艾草球孢囊线虫（Eroshenko et al., 1972；Behrens, 1975）[2]和烟草孢囊线虫。前两种孢囊线虫不寄生马铃薯，而根据文献报道，其在相当一部分农牧区中主要寄生于欧菁草和艾草中。烟草孢囊线虫复合种（*G. tabacum tabacum*）（Lowns-bery et al., 1954；Skarbilovich, 1959）、烟草青枯孢囊线虫（*G. tabacum solanacearum*）（Miller et al., 1972；Behrens, 1975）和弗吉尼亚烟草孢囊线虫（*G. tabacum virginiae*）（Miller et al., 1972；Behrens, 1975）于北美洲和中美洲被发现。此外，在欧洲南部也发现有烟草孢囊线虫。其寄生于烟草（*Nicotiana tabacum*）及其他一些茄科植物（非马铃薯）上。表1和图7给出了PCN、欧菁草球孢囊线虫、艾草球孢囊线虫和烟草孢囊线虫的形态和形态计量学比较。更多有关异皮线虫其他成员及其鉴定检索表的信息，另请参阅Baldwin等（1991）、Mota等（1993）、Brzeski（1998）、Wouts等（1998）和Subbotin（2010）等。

　　最近，新增了两种新型球孢囊线虫物种的记录，它们分别是于美国俄勒冈州（Handoo et al., 2012）和阿根廷（Lax, et al., 2014）检测到的*Globodera ellingtonae*，以及在南非马铃薯种植田中发现的*Globodera capensis*（Knoetze et al., 2013）。这两个物种与PCN之间的差异很小，只有通过分子鉴定法才可准确区分。它们仅出现在美国、阿根廷和南非的局部区域，迄今为止，尚未在欧洲发现。

1　应当指出的是，过去曾在欧洲，尤其是在马铃薯生产田间检测到的不含活体的孢囊很有可能是马铃薯金线虫或马铃薯白线虫等PCN物种中的一种。

2　Krall（1978）将欧菁草球孢囊线虫（Kirjanova et al.，1965；Behrens，1975）视为疑问种，这是因为其特征记述仅基于单个雌虫。Brzeski(1998)报告称"菁草球孢囊线虫与欧菁草球孢囊线虫可能属于相同物种"。Subbotin等人（2010,2011）认为，菁草球孢囊线虫是欧菁草球孢囊线虫的次异名。由此，不再使用菁草球孢囊线虫，而改用欧菁草球孢囊线虫进行命名。

4.2 分子鉴定法

马铃薯金线虫和马铃薯白线虫在形态上极为相似，因此，人们研发出了多种基于聚合酶链式反应（PCR）的技术，以此来区分这两种PCN物种。推荐的分子鉴定法，请参阅附件1之附录3～8。应当注意的是，截至目前，许多特别针对马铃薯金线虫和马铃薯白线虫研发出的试验尚未在欧薯草球孢囊线虫、烟草孢囊线虫或墨西哥球孢囊线虫上运用。应留意其局限性，而2000年之后提出的试验方法通常没有这种缺陷。采用Sirca（2010）等人开发的PCR-限制性片段长度多态性（RFLP）技术，能够有效地对薯草球孢囊线虫和马铃薯金线虫及白线虫的物种进行鉴定。这两个物种的欧洲和非欧洲种群存在差异，这可通过序列分析技术（Hockland et al., 2012）进行鉴定。DNA条形码也可以用于辅助鉴定。优选结合形态学和分子鉴定法来鉴定是否存在马铃薯金线虫和白线虫，尤其是在怀疑存在新的入侵生物时。

4.2.1 PCR检测

建议使用以下PCR的方法来鉴别马铃薯金线虫和马铃薯白线虫的孢囊或个体。

由于下列试验的性能特点各不相同（尤其是分析特异性），因此，应根据使用情况选择相应的试验。

试验	附录
Bulman等（1997）：基于核糖体18S和ITS1序列的物种特异性引物进行多重PCR检测	3
Thiery等（1996）：用Vrain等人（1992）开发的引物进行内转录间隔区（ITS）-RFLP PCR检测	4
用于检测和鉴定马铃薯金线虫、马铃薯白线虫及烟草孢囊线虫物种特异性的实时荧光定量PCR检测试剂盒（基于LSU rDNA），可登录http://www.cleardetections.com获取	5
基于内转录间隔区1（ITS1）基因的Taqman® 实时PCR试剂盒（英国食品与环境研究署）	6
对土壤样品中的进行实时荧光定量PCR检测PCN的行高通量诊断技术（球孢囊线虫属）（Reid et al., 2015）	7
利用海藻糖或RNA特异性实时PCR定量检测PCN（球孢囊线虫属）的活性卵	8

核酸分离见附件2。

4.2.2 DNA条形码

《PM 7/129 DNA条形码作为鉴定多种限定害虫的工具：线虫DNA条形码》（EPPO，2016）的附录5中，对基于COI、18S rDNA和28S rDNA的DNA条形码规程进行了描述，其中，该DNA条形码规程可用于辅助鉴定马铃薯白线虫和金线虫。DNA序列可通过Q-bank等数据库获得（http://www.q-bank.eu/Nematodes/）。

4.3 致病型

Kort等人（1977）在其提出的国际PCN致病类型计划中使用了"致病类型"一词，但现在认为其定义过于笼统。许多PCN种群都无法准确划归到该计划下的某个致病类型中。两种PCN物种，尤其是马铃薯白线虫种群间的致病力存在差异，然而，致病型的划分对南美种群的鉴定非常重要，但目前的鉴定水平尚不足，且鉴定过程费时费力，还需进行特异性分析（Hockland et al.，2012）。如果发现任何新的或不常见的毒性群体（即克服目前欧洲马铃薯品种抗性）的种群都需尽快检测。实际上，可对每个国家使用的一组品种的种群进行毒性检测。2006年，EPPO标准——《PM 3/68测试马铃薯品种以评估马铃薯金线虫和白线虫的抗性》正式实施。

4.4 卵及幼虫的活性测定

检测卵及幼虫的活性，以满足监管需求。卵及幼虫的活性检测可通过不同的方法来完成。

（1）基于形态学的目视检测（附件1附录9中的表列出了特征记述和数字）。目视检测需由训练有素的专业人士进行。

（2）生物学活性检测。附件1附录1中给出了两种检测方法。这两种方法所需的时间通常比基于形态学的目视检测和孵化检测所需的时间长。线虫休眠可对结果可能产生影响，因此孢囊应该排除在外。另一方面，孢囊数目过少也可能会造成假阴性结果。

（3）通过孵化试验测定活性。附件1附录10中给出了3种检测方法。这些检测方法所需的时间比基于形态学的目视检测所需的时间长。注意，在通过孵化试验测定卵活性时，应优先采用近期发育成形的孢囊（如，在秋季马铃薯收获后取样）。为了打破孢囊休眠，应在4℃下至少保存4个月。

（4）利用海藻糖测定卵的活性。附件1附录11中根据van den Elsen（2012）和Ebrahimi（2015）等人的著作对该项方法进行了阐述。

（5）基于RNA的活性测定和鉴定。附件1附录8中根据Beniers（2014）等人的著作对该方法进行了阐述。

此外，还可用麦尔多拉蓝（MB）染色对卵活性进行形态学测定，但这种化学品不易获得，因此，本规程中并未对这种技术进行描述。

5 参考资料

参考资料来源：

国家植物保护组织，国家参考实验室；邮政信箱：9102；瓦格宁根6700 HC（荷兰）。

食品与环境研究署（Fera）；约克Sand Hutton YO41 1LZ（英国）。

德国联邦栽培植物研究中心（JKI）；布伦瑞克Messeweg11-12，邮编38104（德国）。

法国国家农业研究院（INRA）生物和植物种群保护生物学会，Domaine de laMotte，BP 35327，35653 Le Rheu Cedex（法国）。

6 报告与记录

有关报告和记录指南，请参阅EPPO标准——PM 7/77诊断记录和报告。

7 检测规范

请提供检测说明和检测规范（若有）。验证数据可从EPPO诊断专家数据库（http://dc.eppo.int）中获取。建议查询该数据库，以获取更多信息（如，更多有关特异性分析和完整验证报告等的详细信息）。

8 其他信息

更多有关该生物物种的信息，可通过以下方式获得：荷兰国家植物保护组织和国家参考实验室；瓦格宁根6700 HC，邮政信箱：9102；联系人：L den Nijs & G Karssen；电子邮箱：l.j.m.f.den-nijs@nvwa.nl 或 g.karssen@nvwa.nl。

9 关于诊断规程的反馈

如果您对本诊断规程及其任何试验有任何意见或建议，或者您愿意分享更多试验验证数据，请联系：diagnostics@eppo.int。

10 规程修订

我们制定了一套年度审核流程，以判断是否需要对诊断规程实施修订。经审核认为需要修订的规程将在EPPO网站上标记为待修订。

更正和勘误信息也将在网站上进行发布。

致 谢

本标准最初由欧洲合约试验室和比对试验室根据欧洲诊断标准项目（DIAGPRO，SMT 4-CT98-2252）的要求联合编制。其初稿由荷兰国家植物保护组织和国家参考实验室（荷兰，瓦格宁根6700 HC，邮编9102）的 L den Nijs & G Karssen 起草。后来，G Anthoine（法国国家食品、环境和职业健康与安全管理局，植物健康实验室，法国，昂热、L Kox、G Karssen、B van den Vossenberg、L den Nijs（荷兰，瓦格宁根，国家植物保护组织和国家参考实验室）又对其做了修订。

在德国和奥地利，试验方法由巴伐利亚州农业研究中心（Bayerische Landesanstalt fur Landwirtschaft）的 D Kaemmerer 提供。在挪威由 C Magnusson 提供，而在瑞典则由 S Manduric 提供。

本标准由线虫学诊断专家组负责审核。

参考文献

Anthoine G, Chappe A-M, 2010. From soil to species：is there a procedure for molecular detection and identification of potato cyst nematodes? Aspects of Applied Biology, 103：97-104.

Baldwin JG, Mundo-Ocampo M, 1991. Heteroderinae, cyst- and non-cyst-forming nematodes. In: Manual of Agricultural Nematology (Ed. Nickle WR), pp. New York: Marcel Dekker: 275-362.

Beniers JE, Been TH, Mendes O, et al., 2014. Quantification of viable eggs of the potato cyst nematodes (*Globodera* spp.) using either trehalose or RNA-specific Real-Time PCR. Nematology, 16：1219-1232.

Brzeski MW, 1998. Nematodes of Tylenchina in Poland and Temperate Europe. Muzeum i Instytut Zoologii PAN, Warsaw (PL).

Bulman SR, Marshall JW, 1997. Differentiation of Australasian potato cyst nematode (PCN) populations using the polymerase chain reaction (PCR). New Zealand Journal of Crop and Horticultural Science, 25: 123-129.

De Ley P, Blaxter ML, 2004. A new system for Nematoda: combining morphological characters with molecular trees, and translating clades into ranks and taxa. Proceedings of the Fourth International Congress of Nematology, 8-13 June 2002 Tenerife (ES) (Eds Cook R & Hunt DJ): 865.

Ebrahimi N, Viaene N, Moens M, 2015. Optimizing trehalose-based quantification of live eggs in potato cyst nematodes (*Globodera rostochiensis* and *G. pallida*). Plant Disease, 99: 947-953.

EPPO, 2016. PM 7/129 (1) DNA barcoding as an identification tool for a number of regulated pests. EPPO Bulletin 46: EPPO: 501-537.

van den Elsen S, Ave M, Schoenmakers N, et al., 2012. A rapid, sensitive and cost-efficient assay to estimate viability of potato cyst nematodes. Phytopathology, 102: 140-146.

EU, 2007. Council Directive 2007/33/EC of 11 June 2007 on the control of potato cyst nematode and repealing Directive 69/465/EEC. Official Journal of the European Communities, 156：12-22.

Fleming CC, Powers TO, 1998. Potato cyst nematode diagnostics: morphology, differential hosts and biochemical techniques. In: Marks RJ & Brodie BB (Eds), Potato Cyst Nematodes, Biology, Distribution and Control: 91 -114.

CAB International, Wallingford (GB). Handoo ZA, et al., 2012. Description of *Globodera ellingtonae* n. sp. (Nematoda：Heteroderidae) from Oregon. Journal of Nematology 44: 40-57.

Hesling JJ, 1978. Cyst nematodes: morphology and identification of Heterodera, Globodera and Punctodera. In: "Plant Nematology" (Ed. Southey JF).London: Ministry of Agriculture, Food and Fisheries:125-155.

Hockland S, Niere B, Grenier E, et al., 2012. An evaluation of the implications of virulence in non-European populations *of Globodera pallida* and *G. rostochiensis* for potato cultivation in Europe. Nematology, 14: 1-13.

Ibrahim SK, Perry RN, Burrows PR, et al., 1994. Differentiation of species and populations of *Aphelenchoides* and of *Ditylenchus angustus* using a fragment of ribosomal DNA. Journal of Nematology, 26：412-421.

Knoetze R, Swart A, Lowwrens RT, 2013. Description of *Globodera capensis* n. sp. (Nematoda：Heteroderidae) from South Africa. Nematology, 15: 233-250.

Kort J, Ross H, Rumpenhorst HJ, et al., 1977. An international scheme for identifying and classifying pathotypes of potato cyst- nematodes *Globodera rostochiensis* and *G. pallida*. Nematologica, 23: 333-339.

Krall E, 1978. Compendium of cyst nematodes in the USSR. Nematologica, 23: 311-332.

Lax P, Rondan Duerns JC, Franco-Ponce J, et al., 2014. Morphology and DNA sequence data reveal the presence of *Globodera ellingtonae* in the Andean region. Contributions to Zoology, 83: 227-243.

Mota MM, Eisenback JD, 1993. Morphology of females and cysts of *Globodera tabacum tabacum*, *G. t. virginiae*, and *G. t. solanacearum* (Nemata: Heteroderinae). Journal of Nematology, 25: 136-147.

Muhammad Z, 1996. the effect of storage conditions on subsequent hatching of *Globodera pallida* (Nematoda, Tylenchida). Pedobiologia, 40：342-351.

Phillips MS, Forrest JMS, Wilson LA, 1980. Screening for resistance to potato cyst nematode using closed containers.Annals of Applied Biology, 96：317-322.

Reid A, Evans FF, Mulholland V, et al., 2015. High- throughput diagnosis of potato cyst nematodes in soil samples. Plant Pathology: Techniques and Protocols, 1302: 137-148.

van Riel HR, Mulder A, 1998. Potato cyst nematodes (Globodera species) in western Europe. In: Potato Cyst Nematodes: Biology, Distribution and Control (Eds Marks RJ & Brodie BB). Wallingford: CAB International:

271-298.

Sharma SB, Sharma R, 1998. Hatch and emergence. In: The Cyst Nematodes (Ed. Sharma SB). Dordrecht: Kluwer Academic Publishers: 191-216.

Siddiqi MR, 2000. Key to genera of Heteroderinae. In: Tylenchida: Parasites of Plants and Insects (Ed. Siddiqi MR). Oxon: CABI Publishing, Wallingford: 395-396.

Sirca S, Geric Stare B, Strajnar P, et al., 2010. PCR-RFLP diagnostic method for identifying *Globodera* species in Slovenia. Phytopathologia Mediterranea, 49: 361-369.

Stone AR, 1972. Heterodera pallida n. sp. (Nematoda: Heteroderidae) a second species of potato cyst nematode. Nematologica, 18: 591-606.

Stone AR, 1973a. CIH Descriptions of Plant-Parasitic Nematodes No 16 *Globodera rostochiensis*. CAB International, Wallingford (GB).

Stone AR, 1973b. CIH Descriptions of Plant-Parasitic Nematodes No 15 *Globodera pallida*. CAB International, Wallingford (GB).

Subbotin SA, Cid del Prado Vera I, Mundo-Ocampo M, et al., 2011. Identification, phylogeny and phylogeography of circumfenestrate cyst nematodes (Nematoda: Heteroderidae) as interfered from analysis of ITS-rDNA. Nematolog, 13: 805-824.

Subbotin SA, Mundo-Ocampo M, Baldwin GB, 2010. Systematics of Cyst Nematodes (Nematoda：Heteroderinae), Nematology Monographs & Perspectives, 8A. Brill, Leiden (NL): 107-177.

Thiery M, Mugniery D, 1996. Interspecific rDNA restriction fragment length polymorphism in *Globodera* species, parasites of solanaceous plants. Fundamental and Applied Nematology, 19: 471-479.

Vrain TS, Wakarchuk DA, Levesque AC, et al., 1992. Interspecific rDNA restriction fragment length polymorphism in the *Xiphinema americanum* group. Fundamental and Applied Nematology 16: 563-573.

Wouts WM, Baldwin JG, 1998. Taxonomy and identification. In: The Cyst Nematodes (Ed. Sharma SB). Kluwer, Dordrecht (NL): 83-122.

附录1——生物鉴定

试验A　生物鉴定法（试验地点：德国和奥地利）

此方法基于以下原理：如果土壤样品中存在PCN（即使数量很少），则会侵入生长于小容器中的马铃薯幼苗根部，PCN入侵后就会开始繁殖。然后，透过专用容器的透明壁，可观察到根部出现正在发育的孢囊。根据容器尺寸，取100～200mL土壤样品倒入各容器，保湿。准备所需数量的容器，用圆刀片切下待检定的带芽薯块的顶芽部分（直径约3cm），并放置在容器中。在秋、冬季，需要催芽（通过熏蒸或用赤霉酸处理）后进行生物检测。为了避免出现真菌，在放置（顶芽朝向）到容器中的土壤样品中之前，可将切下的顶芽部分放置在室温下干燥半日，并用无线虫的土壤覆盖。在每次试验中，需使用含有经确定的马铃薯孢囊线虫容器作对照。

将方形容器并排放置在种植台上，相互遮挡，以避免透明壁上滋生藻类。为了使宿主和寄主的相互作用达到最佳状态，温室中的空气温度保持在22℃/16℃（白天/夜晚），并始终保持在25℃以下（在冬季，可能需要给予更多光照），13℃以上。适当向容器中浇水，使土壤中的水分充分渗透到根部。可采用手动或滴灌的方式浇水。多余的水可从容器底部的孔流出。经证明，健康样品与受浸染的样品相邻不存在交叉传染的风险。在实施生物鉴定的过程中，可能需要采取措施，防止样品出现枯叶病。如果单个植株死亡，则可采用Fenwick浮筒或其他相应方法检测容器土壤中是否含有孢囊。

能在对照容器中观察到孢囊（通常培育6～10周后）时，肉眼观察雌虫和孢囊。在统计雌虫和孢囊数量前，剪掉马铃薯叶片。在感染率高的情况下，透过容器透明壁可观察到根部出现新的孢囊。在感染率低时，建议将根部和土壤从容器中取出检测；在目视观察无感染的情况下，可通过分离土壤中的孢囊进行测定。

生物试验也可在暗室的密闭容器中进行（Phillipset et al., 1980）。

方法B　繁殖试验（试验地点：挪威）

在500mL装有沙土的栽培槽中，测试线虫在马铃薯植株上的感染成功率，其中，以含有孢囊（最多20个）的尼龙袋作为接种单位。建议用赤霉酸处理，促使马铃薯块同步发芽。在每个栽培槽内填入总土量1/3的土壤，将含有孢囊的尼龙袋放置在一个马铃薯块下，然后填入沙土。将栽培槽随机放置在人工生长箱内，昼夜温度大约为20℃/16℃（日/夜），光照时间为18h。根据需要，向栽培槽内浇灌矿物营养和水。3个月后，剪掉枝条，并将土壤和根部风干。从土壤中分离和收集新的孢囊（如，采用Fenwick浮筒分离法），并计数。每个新孢囊代表一次成功的感染，从而确定该种群的繁殖能力。

附录2——核酸提取

幼虫或孢囊中提取核酸的方法和试剂和有很多。下文中描述的方法/试剂盒已结合附件1之附录3和附录4中的PCR试验进行了评估。

本段只涉及了DNA提取的部分。RNA提取将结合每个具体的试验进行介绍。

1 利用裂解液手动提取DNA

1.1 该流程不仅适用于单个的成虫或幼虫，而且还适用于球孢囊属线虫的孢囊（最多10个孢囊），甚至单一个体（Anthoineet al.，2010）。

1.2 该DNA提取流程包括利用裂解液[10mM Tris（pH=8），1mM EDTA螯合剂，1%乙基苯基聚乙二醇（NP40），100μg/mL蛋白酶K溶液]进行处理（Ibrahim et al.，1994），以及机械破碎。

对于球孢囊线虫的幼虫或成虫，挑去一个或多个线虫，并移送至装有100μL裂解液的离心管中。

对于球孢囊属线虫的孢囊，将1～10个（最多10个）孢囊移送至装有1mL裂解液的离心管中。

在上述两种情况下，均需将玻璃球（直径3mm的1颗，直径1mm的50颗，Sigma）装入离心管中，震荡磨碎线虫[如，用TissuLyser II（Qiagen®）组织研磨器每秒研磨30次，持续40s]。或者用手持式研磨棒研磨线虫。该研磨棒可单独专用，也可在消毒后继续使用。然后，在55℃下孵育约1h，再在95℃下孵育10min。将制得的DNA上清液转移至新的离心中。

1.3 无需对提取到的DNA做进一步纯化。

1.4 在－20℃下保存DNA粗提取物直至使用。

2 Qiagen试剂盒提取DNA

按照制造商提供的说明书，使用QIAamp®DNA Mini试剂盒（Qiagen）提取球孢囊线虫个体或孢囊（最多10个孢囊）的DNA。

附录3——多重PCR试验（Bulman et al., 1997）

1 基本信息

1.1 按照Bulman等（1997）编制的规程鉴定球孢囊线虫。

1.2 使用不同致病类型和不同地理种群的马铃薯白线虫和金线虫。分别提取上述孢囊的DNA孢囊。

1.3 根据18S rRNA基因和内转录间隔区ITS序列设计本方法。

1.4 采用通用引物ITS5和马铃薯白线虫特异性引物PITSp4进行PCR反应的产物是265bp。

采用通用引物ITS5和马铃薯金线虫特异性引物PITSr3进行PCR反应的产物是434bp。

1.5 引物

ITS5：5'-GGAAGTAAAAGTCGTAACAAGG-3'。

PITSp4：5'-ACAACAGCAATCGTCGAG-3'。

PITSr3：5'-AGCGCAGACATGCCGCAA-3'。

1.6 使用带有热盖的Peltier式热循环仪（如，Bio-Rad C1000）中进行扩增。

2 方法

2.1 核酸的提取与纯化

2.1.1 从孢囊或幼虫种提取DNA。

2.1.2 有关DNA提取程序，请参阅附件1之附录2。

2.1.3 提取到的DNA可立即使用，或在4℃下保存一夜，也可在-20℃下保存更长时间。

2.2 聚合酶链式反应

2.2.1 反应混合液

试剂	工作浓度	每次反应体积（μL）	最终浓度
分子生物学级水[*]	无	16.1	无
Tris HCl (pH 8.3)	500mmol/L	1	20mmol/L
KCl	500mmol/L	2.5	50mmol/L
MgCl$_2$（Life Technologies）	25mmol/L	2	2mmol/L
dNTPs（Life Technologies）	10mmol/L/种	0.4	0.16mmol/L
正向引物ITS5	10μmol/L	0.625	$\geq 0.25\mu$mol/L[+]
反向引物PITSp4	10μmol/L	0.625	0.25μmol/L
反向引物PITSr3	10μmol/L	0.625	0.25μmol/L
Taq DNA聚合酶（Life Technologies）	5U/μL	0.12	0.6U

（续）

试剂	工作浓度	每次反应体积（μL）	最终浓度
小计			
基因组DNA或cDNA		24	
第一次PCR产生的扩增子用稀释液（若适用）		1	
总计		25	

* 优选使用分子生物学级水，或制备的纯净水（去离子水或蒸馏水）、无菌水（经高压灭菌或0.45μmol/L过滤）和无核酸酶水。

＋ 原始版本中提到每种引物的浓度为250μmol/L，然而试验室最终采用的试验浓度范围在0.15 ～ 1.00μMol/L。

2.2.2 PCR循环参数

在94℃下保温2min；在94℃下保温30s，60℃下保温30s和72℃下保温30s，循环35次，在72℃下保温5min。

3 基本程序信息

3.1 对照试验

为了得到可靠的试验结果，应该在分离和扩增马铃薯白线虫和金线虫以及核酸的每个系列核酸时分别进行以下（外部）对照。

- 阴性分离对照（NIC），用于监控核酸提取过程中是否存在污染，可通过提取用于收集线虫样品的溶液/缓冲液（如，单独的DNA提取缓冲液）的DNA获得。
- 阳性分离对照（PIC），用于确保分离出足够数量和质量的核酸，从掺杂有适量个体的提取溶液/缓冲液中提取DNA，其中的个体经确认来自马铃薯白线虫或马铃薯金线虫。该对照试验在用于检测已分离的线虫（而非本体溶液或筛选试验）时属于可选试验。
- 阴性扩增对照（NAC），排除反应混合液制备过程中污染导致的假阳性——用分子生物学级水替代DNA提取物。
- 阳性扩增对照（PAC），监测扩增效率。靶标生物的核酸扩增——扩增来自马铃薯白线虫和金线虫的DNA基因组；必须确认个体的种或使用的基因组提取液。

结果分析：应按照下列规范确认PCR试验结果。

对照验证：
- NIC和NAC应无扩增子产生。
- PAC和PIC（若相关）应产生预期大小的扩增子（马铃薯白线虫为265bp，马铃薯金线虫为434bp）。

在满足这些条件的情况下：
- 如果试验中马铃薯白线虫产生265bp的扩增产物，马铃薯金线虫产生434bp的扩增产物，则将其视为阳性。
- 如果扩增后未产生扩增带或产生的扩增带大小不一致，则将其视为阴性。
- 试验结果出现矛盾或不清楚时，请重复试验。

3.2 注意

该试验仅可用于从形态上鉴定为球孢囊线虫属，因为引物对球孢囊线虫属无特异性（可观察到与含有卵或幼虫的皮线虫属孢囊交叉反应）。

4 适用的性能规范

法国食品、环境和职业健康与安全管理局（ANSES）于2010年7月发布了下列性能规范，并对反应混合液做了以下修订：引物浓度0.64μmol/L，以及每种dNTP各0.25mmol/L。利用裂解液[10mmol/L Tris（pH = 8），1mmol/L EDTA螯合剂，1%乙基苯基聚乙二醇（NP40），100μg/mL蛋白酶K溶液]并通过机械破坏角质层[采用Tissulyser II研磨器（Qiagen）和玻璃球]来提取DNA。更多信息，请参阅验证报告。

4.1 分析灵敏性数据

单头二龄幼虫（J2）。

4.2 分析特异性数据

该研究涵盖11个马铃薯白线虫种群、4个马铃薯金线虫种群、5个烟草孢囊线虫种群、1个墨西哥球孢囊线虫种群和1个艾草球孢囊线虫种群。这些种群涵盖了自各个不同的地理区域。

4.3 数据重复性

马铃薯白线虫100%；马铃薯金线虫100%。

4.4 数据重现性

马铃薯白线虫96%（1头J2）；马铃薯金线虫100%（1头J2）。

4.5 诊断特异性数据

马铃薯白线虫91%（弗吉尼亚烟草孢囊线虫交叉反应试验）；马铃薯金线虫100%。

附录4——ITS PCR-RFLP试验（Thieryet al.，1996）

1　基本信息

1.1　按照Thiery等（1996）编制的规程鉴定球孢囊线虫属。

1.2　该试验设计用于内转录间隔区ITS。

1.3　采用Vrain等（1992）开发的ITS通用引物18S和26S进行PCR扩增，球孢囊线虫属产生1 200bp的片段，然后进行限制性Tap酶酶切。

1.4　引物

18S：5'-TTG ATT ACG TCC CTG CCC TTT-3'。

26S：5'-TTT CAC TCG CCG TTA CTA AGG-3'。

注意：18S和26S在规程中也分别被称为5367和5368。

1.5　在带有加热盖的Peltier式热循环仪（如，Bio-Rad C1000）中进行扩增。

2　方法

2.1　核酸的提取与纯化

2.1.1　从孢囊或幼虫种提取DNA。

2.1.2　有关DNA基因组分离的信息，请参阅附件1附录2A。

2.1.3　提取到的DNA可立即使用，或在4℃下保存一夜，也可在－20℃下保存更长时间。

2.2　聚合酶链式反应

2.2.1　反应混合液

试剂	工作浓度	反应体积（μL）	最终浓度
分子生物学级水*	不适用	30.4	不适用
Taq DNA聚合酶	10×	5	1×
缓冲液（MP生物化学公司）	25mmol/L	4	2mmol/L
MgCl₂（若未含在Taq DNA缓冲液中）dNTPs	10μmol/L/种	0.5	100μmol/L
正向引物18S	10μmol/L	2.5	0.5μmol/L
反向引物26S	10μmol/L	2.5	0.5 μmol/L
Taq DNA聚合酶 （MP生物化学公司，其前身为Appligene Oncor）	5U/μL	0.1	0.5U
小计 DNA基因组提取物或cDNA		45	

（续）

试剂	工作浓度	反应体积（μL）	最终浓度
第一次PCR反应产生的扩增子用稀释液（若适用）		5	
总计		50	

*优选使用分子生物学级水，或制备的纯净水（去离子水或蒸馏水）、无菌水（经高压灭菌或0.45μM过滤）和无核酸酶水。

2.2.2　PCR循环参数

94℃，2min；94℃，1min；60℃，50s；72℃，1min，30个循环。

2.3　限制性片段长度多态性（RFLP）反应

2.3.1　如果需要，分析之前将产品存储在4℃以下。

2.3.2　反应混合液：按照供应商提供的说明书。

2.3.3　孵育温度和时间：孵育时间/消化温度——在推荐温度下孵育过夜（请参阅供应商提供的说明书）。

3　基本程序信息

3.1　对照试验

为了得到可靠的试验结果，应该在分离和扩增马铃薯白线虫和金线虫时分别添加以下（外部）对照。

- 阴性分离对照NIC，用于监控核酸提取过程中是否存在污染，可通过提取用于收集线虫样品的溶液/缓冲液（如，单独的DNA提取缓冲液）的DNA获得。
- 阳性分离对照PIC，用于确保分离出足够数量和质量的核酸，从掺杂有适量个体的提取溶液/缓冲液中提取DNA，其中的个体经确认来自马铃薯白线虫或马铃薯金线虫。测试分离出的线虫（而非本体溶液或筛选试验）时，该项试验是可选的。
- 阴性扩增对照NAC：排除反应混合液制备过程中污染导致的假阳性——扩增用于制备反应混合液的分子生物学级水，而非DNA提取物。
- 阳性扩增对照PAC，监测扩增效率。靶标生物的核酸扩增——扩增来自马铃薯白线虫和金线虫两个种的个体的DNA基因组；必须确认个体的种或使用的基因组提取液。

3.2　结果分析

应按照下列规范确认PCR试验结果。

对照验证：

- NIC和NAC应无扩增子产生。
- PAC和PIC（若相关）应产生预期大小的扩增子，球孢囊属应该产生预期大小为1 200bp的扩增片段。

在满足这些条件的情况下：

- 如果试验中产生的限制性片段长度与表3一致，则将其视为阳性。
- 如果扩增后未产生扩增带或产生的扩增带大小不一致，则将其视为阴性。
- 试验结果出现矛盾或不清楚时，请重复试验。

3.3 注意：该方法仅可用于从形态上鉴定为球孢囊属的线虫，因为该引物对球孢囊属无特异性。

4 适用的性能规范

下列性能规范由ANSES于2010年7月发布。

表3 RFLP片段大小 (Thiéry et al., 1996)

种类	Bsh1236I RFLP特征
马铃薯金线虫（欧洲种群）	900 190 110
马铃薯白线虫（欧洲种群）	500 400 350 190 110
墨西哥球孢囊线虫	500 400 190 110
烟草孢囊线虫	445 400 190 110
弗吉尼亚烟草孢囊线虫	445 400 190 110
烟草青枯孢囊线虫	445 400 190 110

4.1 灵敏度数据
一头J2。

4.2 特异性数据
该研究涵盖11个马铃薯白线虫种群、4个马铃薯金线虫种群、5个烟草孢囊线虫种群、1个墨西哥球孢囊线虫种群和1个艾草球孢囊线虫种群。这些种群涵盖了自各个不同的地理区域。

4.3 数据重复性
马铃薯白线虫100%；马铃薯金线虫100%。

4.4 数据重现性
马铃薯白线虫90%（1头J2）；马铃薯金线虫93%（1头J2）。

4.5 诊断特异性数据
马铃薯白线虫91%（在11个马铃薯白线虫种群中检出一个非靶标种）；马铃薯金线虫100%。

附录5——基于LSU rDNA鉴定马铃薯金线虫、马铃薯白线虫和烟草孢囊线虫的实时荧光定量PCR检测

1 基本信息

1.1 试验范围：通过实时荧光定量PCR试验鉴定马铃薯金线虫、马铃薯白线虫和烟草孢囊线虫幼虫及孢囊，并检测马铃薯金线虫、马铃薯白线虫、烟草孢囊线虫幼虫和孢囊混合物中的烟草孢囊线虫孢囊（遗传背景复杂）。

1.2 测试靶标基因为LSU（28S）rDNA基因。

1.3 扩增子的大小：马铃薯金线虫448bp；马铃薯白线虫86bp；烟草孢囊线虫482bp。

1.4 寡核苷酸序列未公布。可采用实时PCR试剂盒进行试验（荷兰ClearDetections公司，http://www.clea rdetections.com）。

2 方法

2.1 核酸提取 这些实时荧光定量PCR试验可与任何提供靶标DNA的线虫DNA提取方法相结合使用。使用ClearDetections公司的"线虫DNA提取和纯化试剂盒"进行验证。当通过这些试验对线虫进行定量测定时，强烈建议按照DNA提取流程标准（内部或外部）进行，以避免在DNA提取和纯化过程中出现潜在的DNA损失。

2.2 实时荧光定量PCR

实时荧光定量PCR试剂盒内包括靶标及通用线虫DNA实时PCR引物组、阳性扩增对照品（PAC）和含DNA结合荧光染料的PCR反应混合液。

PCR循环条件：酶活化，95℃ 3min；扩增，95℃，10s，63℃ 1min，72℃ 30s。循环35次。溶解曲线：0.2 ~ 0.5℃→72℃→95℃。

3 基本程序信息

3.1 对照试验

为了得到可靠的试验结果，应该分离和扩增靶标生物及靶标核酸的每个系列核酸时分别进行以下对照。

- 阴性分离对照（NIC）：用于监控核酸提取过程中是否存在污染：核酸提取和后续扩增，优选采用清洁的提取缓冲液。
- 阳性分离对照（PIC）：用于确保分离出足够数量和质量的核酸：靶标生物核酸的提取和后续扩增。或者，可采用实时PCR套件测定核酸样品中是否存在线虫DNA，以及线虫DNA的含量，其中，实时PCR套件包括单独用于检测线虫DNA的实时PCR引物组。
- 阴性扩增对照（NAC）：排除反应混合液制备过程中污染导致的假阳性：扩增用于制备反应混合液的分子生物学级水。

- 阳性扩增对照（PAC，一般含在试剂盒内）：监测扩增效率，靶标生物的核酸扩增。可包括从靶标生物提取的DNA基因组、PCR克隆产物（质粒DNA）或合成DNA。

3.2　结果分析

应按照下列规范确认PCR试验结果。

对照验证：

- PAC和PIC扩增曲线应为指数曲线。
- NIC和NAC应无扩增。

在满足这些条件的情况下：

- 如果试验生成扩增指数曲线，则将其视为阳性。
- 如果未生成扩增曲线或生成非指数曲线，则将其视为阴性。
- 分析溶解曲线，获得的解链温度（T_m）为PAC的T_m温度值（±1℃）。不同的PCR仪和PCR混合液的T_m值不同。对于马铃薯金线虫而言，综合运用Bio-Rad CFX Connect PCR仪和Clear Detections PCR混合液获得的T_m值为86.0℃，马铃薯白线虫为85.5℃，而烟草孢囊线虫为89.5℃。
- 试验结果出现矛盾或不清楚时，请重复试验。
- 当怀疑DNA样品中存在线虫DNA时，可使用试剂盒内用于检测线虫DNA的实时PCR引物组进行鉴定（检查是否出现假阴性）。

4　适用的性能规范

已按照PM 7/98对这些实时荧光定量PCR试验进行了验证。

4.1　分析灵敏度

用1 000头非靶标孢囊线虫幼虫或卵中的单头幼虫或卵进行测试。

4.2　诊断灵敏度

100%。

4.3　分析特异性

100%（使用试剂盒对一个样品中的3个物种进行测试时）。

待检的靶标生物种群数量：4个马铃薯金线虫种群、3个马铃薯白线虫种群和2个烟草孢囊线虫种群（请参阅诊断专家数据库中的完整验证报告表6，以获取详细信息）。

待检的非靶标生物种群数量：薯草球孢囊线虫、艾草球孢囊线虫、墨西哥球孢囊线虫、豌豆异皮线虫、甜菜孢囊线虫、甜菜异皮线虫和刻点孢囊属线虫。

测试了几种靶标和非靶标物种（不同来源），在烟草孢囊线虫的实时PCR试验中没有发现交叉反应。马铃薯白线虫的实时PCR试验专门用于检测马铃薯白线虫种群，包括一个南非种群。此外，还检测了其近亲——墨西哥球孢囊线虫。马铃薯金线虫的实时PCR试验专门用于检测马铃薯金线虫种群（包括南非种群）和烟草孢囊线虫。这些测试结果表明，在样品中同时发现马铃薯金线虫和烟草孢囊线虫，以及马铃薯金线虫在实时PCR试验中呈阳性时，必须使用实时PCR试验测试烟草孢囊线虫，以验证测试结果是否为假阳性。

4.4　诊断特异性

100%（使用试剂盒对1个样品中的3个物种进行测试时）。

4.5 重现性

100%。

4.6 重复性

100%。

4.7 准确性

100%。

4.8 动态范围

10 ～ 100和1亿拷贝靶标DNA。

4.9 选择性

100%。

4.10 稳定性

当引物组合暴露在一个温度梯度下时，未观察到实时PCR失效。退火温度（Ta）与正常温度（63℃）之间的偏差为±1.0℃时，ΔCt值<1。在检测马铃薯白线虫、马铃薯金线虫和烟草孢囊线虫的实时定量PCR试验中表现稳定。

附录6——利用英国食品与环境研究署（Fera）研制的 TaqMan® Real-Time PCR原理诊断马铃薯白线虫和金线虫

1 基本信息

1.1 该试验由英国食品与环境研究署Fera在马铃薯协会R287项目"PCN DNA定量检测系统验证"的基础上研发而成并于2009年10月最终完成。

1.2 DNA通常提取自球孢囊属线虫卵的单个孢囊或其前半部分和/或幼虫，提取数量由给定的待检孢囊数量决定。对于单个孢囊的前半部分而言，其样品中通常需要含约100个虫卵（基于Fera提出的315个孢囊数量）。此外，也可从单头幼虫种提取DNA。

1.3 实时PCR试验的测试靶标基因为内转录间隔区1（ITS1）基因，其中，马铃薯白线虫的注册号为AF016871，马铃薯金线虫的注册号为EF622531。

1.4 正向引物位于马铃薯白线虫AF016871第521个碱基处，而马铃薯金线虫EF622531的第356个碱基处。

1.5 扩增子的长度（含引物）为71bp。

1.6 寡核苷酸：正向引物Glob 531F，5'-TGT-AGG-CTG-CTA-YTC-CAT-GTY-GT-3'；反向引物Glob 601R，5'-CCA-CGG-ACG-TAG-CAC-ACA-AG-3'；以及两个GP LNA探针：在5' TGC-CGT-ACC-（C）（A）G-CGG-CAT-3'两端分别标记有报告基团FAM和淬灭基团BHQ-1及GR LNA，在5'-GCC-GTA-CC（T）-（T）GC-GGC-AT-3'两端分别标记有报告基团TET和淬灭基团BHQ-1；其中，括号中的DNA碱基为锁核酸（LNA）碱基。掺入LNA碱基的双标记探针可从Sigma Genosys公司订购。

1.7 使用美国应用生物系统公司（Applied Biosystems）的不含尿嘧啶-N-糖基化酶（UNG）（4440043）的TaqMan® Universal Master Mix II混合液。其中，使用的酶为美国应用生物系统公司的AmpliTaq Gold Ultra Pure DNA聚合酶，所用混合液的最终浓度为1x。

1.8 未使用反应物。

1.9 无菌水：焦碳酸二乙酯（DEPC）处理，分子生物学级（Severn生物科技有限公司）。

1.10 美国应用生物系统公司的ABI Prism 7900HT型荧光定量PCR仪。

1.11 数据分析采用美国应用生物系统公司的2.0、2.2和2.4版分析软件。

2 方法

2.1 核酸的提取与纯化

2.1.1 用球孢囊属线虫的单个孢囊、单个含卵孢囊的前半部分或单头幼虫提取DNA。提取之前，在水中单独解剖每个孢囊。使用无菌微型研磨棒在180μL ATL缓冲液中均质化孢囊，直至看不见孢囊为止。小心取出研磨棒杆，确保孢囊碎片保留在试管内。

2.1.2　按照试剂盒提供的动物组织提取规程，使用Qiagen DNeasy血液与组织试剂盒提取DNA。将规程的步骤1、2改为，将样品放入1.5mL Eppendorf离心管中，用微型研磨棒在180μL ATL缓冲液中进行均质化处理；加入20μL蛋白酶K溶液，使溶液涡旋混合，然后短时离心合并溶液，在56℃下孵育，并以100转速旋转至少3h或一夜。从步骤3开始按照试剂盒的规程操作，但在洗脱时（规程的步骤7和8），每次需加入60μL AE缓冲液，使DNA总体积达到120μL。

2.1.3　无需核酸清理程序。

2.1.4　使用前，应将提取到的DNA保存在−30～−20℃，并避免反复冻融。

2.2　实时荧光定量PCR

美国应用生物系统公司的TaqMan® Universal Master Mix II混合液[不含UNG（4440043）]。

试剂	工作浓度	每次反应体积（μL）	最终浓度
PCR级水	不适用	6.75μL	不适用
TaqMan® Universal Master Mix II混合液，不含UNG（美国应用生物系统公司）	2×	10μL	1×
Glob 531F	7.5μmol/L	0.375μL	112.5nmol/L
Glob 601R	7.5μmol/L	0.375μL	112.5nmol/L
GR LNA	5μmol/L	1.0μL	200nmol/L
GP LNA	5μmol/L	0.5μL	100nmol/L
小计		19μL	
DNA	按提取量	1μL	按提取量
总计		20μL	

2.3　PCR循环参数

在50℃下2min，在95℃下预变性10min，在95℃下变性15s，在60℃下退火和延伸1min，加热和冷却效率为100%，循环40次，在所有步骤和循环周期捕捉荧光信号。

3　基本程序信息

3.1　对照试验

为了得到可靠的试验结果，应该在分离和扩增靶标生物和靶标核酸的每个系列核酸时分别进行以下（外部）对照。

• 阴性分离对照（NIC），用于监控宿主组织是否交叉反应和/或核酸提取过程是否存在污染。从清洁的提取缓冲液样品中提取核酸并对其进行后续扩增。建议对一系列提取物进行多次NIC，例如，5个样品对照1次。

• 阳性分离对照（PIC），用于确保分离出足够数量和质量的核酸，从马铃薯白线虫或马铃薯金线虫的整个孢囊中提取核酸并进行后续扩增。

• 阴性扩增对照（NAC），排除反应混合液制备过程中污染导致的假阳性——扩增用于制备反应混合液的分子生物学级水，而非DNA提取物。
- 阳性扩增对照（PAC），监测扩增效率，分别扩增提取自马铃薯白线虫和金线虫的靶标生物的核酸。

3.2 结果分析

对照验证：
- PIC和PAC扩增曲线应为指数曲线。
- NIC和NAC应无扩增。

在满足这些条件的情况下：
- 如果试验中生成扩增指数曲线，则将其视为阳性。
- 如果未生成扩增曲线或生成非指数曲线，则将其视为阴性。
- 根据验证数据，如果Ct值低于37（因交叉反应），检测结果判定为阳性。但该阈值需要根据检测极限重新评估。例如，两种孢囊线虫的单头幼虫的Ct平均值为30，都明显大于检测极限。
- 如果Ct值在37～40，则表明测试结果不确定，需要做进一步研究，例如，重复DNA提取步骤和/或采用其他方法检测样品。
- 试验结果出现矛盾或不清楚时，请重复试验。

其他事项：
- 1 已知马铃薯白线虫探针会与马铃薯金线虫DNA发生轻微的错配。当TET通道（马铃薯金线虫）中的DRn呈指数增长时，FAM通道（马铃薯白线虫）中的DRn显示交叉反应略增。只有马铃薯金线虫的反应呈阳性时，才能观察到该交叉反应。
- 2 马铃薯白线虫在试验中会与高浓度的烟草孢囊线虫DNA发生交叉反应，但试验中会生成非指数扩增曲线，从而将其与马铃薯白线虫和金线虫区分开。英国尚未发现烟草孢囊线虫，但是，如果怀疑有，则在每次试验时都需对烟草孢囊线虫进行阳性对照，以帮助解读试验结果，如果试验结果出现任何不确定因素，则需采用其他方法进行测试。
- 3 马铃薯白线虫在试验中与刻点孢囊属线虫发生交叉反应，从而得到Ct值>37。然而，与球孢囊线虫相比，刻点孢囊属线虫的孢囊具有明显的形态特征，因而不会选择对其进行分子鉴定。其次，Ct取值也表明需要做进一步测试。

4 适用的性能规范

关于验证数据，请登录EPPO诊断专家数据库（http://dc.eppo.int/validationlist.php）查询。

4.1 分析灵敏性数据

一个典型样品为约含有100个卵的半个孢囊，而该试验还可对单头幼虫进行检测。对于单头幼虫而言，成功率为100%。已对含有若干虫卵（数量可变）的多个半孢囊进行了测试。在稀释倍数为1 000或大于1 000时，可检测到单个孢囊的DNA。

4.2 特异性数据

待检靶标生物：来自26个国家的超过100个马铃薯白线虫种群（请参阅验证报告），来自10个国家的超过30个马铃薯金线虫种群（请参阅验证报告）。

待检的非靶标生物：烟草孢囊线虫种群（请参阅验证报告），薯草球孢囊线虫/欧薯草球孢囊线虫种群（请参阅验证报告）。

马铃薯白线虫在与烟草孢囊线虫的试验中发生交叉反应，生成非指数曲线，从而将其与马铃薯白线虫和金线虫区分开。马铃薯白线虫会在试验中与刻点孢囊属线虫发生交叉反应，但是，与球孢囊线虫相比，刻点孢囊属线虫的孢囊具有明显的形态特征，因而不会选择对其进行分子鉴定。其次，试验中获得的Ct值>37，这也表明需要做进一步测试。

4.3 数据重复性

在原液浓度和3 ～ 10倍稀释浓度下，重复8次。重复率为100%。

4.4 数据重现性

由两名不同的操作人员在试验室内两台7 900仪器上以原液浓度对获得的提取物进行测试。重现率为100%。

4.5 诊断灵敏性

通过149份样品比较本试验与英国皇家认可委员会（UKAS）认证的常规PCR试验（Bulman et al., 1997）。结果表明，本试验对马铃薯白线虫和马铃薯金线虫的诊断灵敏度均为100%。

4.6 诊断特异性

通过149份样品比较本试验与UKAS认证的常规PCR试验（Bulman et al., 1997）。本试验对马铃薯白线虫的诊断特异度达到87.1%，马铃薯金线虫达到93.8%。两种物种的测试结果均未出现假阴性。

附录7——利用实时PCR实现对土壤样品中PCN（球孢囊线虫属）的高通量检测

1 基本信息

1.1 试验范围：利用实时PCR检测和鉴定土壤样品中是否存在马铃薯金线虫和马铃薯白线虫。

1.2 本试验由Reid等人提出（2015）。

1.3 试验靶标基因为为核糖体DNA重复单元的内转录间隔区1（ITS1），其中，马铃薯白线虫的注册号为FJ212165。

1.4 引物序列：马铃薯白线虫和金线虫正向引物，5' CGTTTGTTGTTGACGGACAYA 3'；马铃薯白线虫和金线虫反向引物，5' GGCGCTGTCCRTACATTGTTG 3'；以及两个探针，其中，马铃薯白线虫为5' CCGCTATGTTTGGGC 3'，马铃薯金线虫为5' CCGCTGTGTATKGGC 3'，两个探针标记有报告基团FAM和淬灭基团MGB-NFQ（小沟结合物-无荧光淬灭基团）。

1.5 7900HT实时荧光定量PCR系统（生命技术公司）。

1.6 使用7900HT仪器随附的SDS软件进行实时PCR试验。分析功能设置为自动。

2 方法

2.1 核酸的提取与纯化

下面的方法适用于大小约1mL的漂浮物。如果漂浮物较大，则应将样品分入几根离心管内。

将滤纸上的干燥漂浮物刮入置于2mL Safe-Lock离心管上的Fast Funnel MINI漏斗中，并向离心管中添加8个碳化钨球。在TissueLyser II研磨器中，以30Hz频率研磨48根离心管30s，在以30Hz频率再次研磨30s之前，添加1.5mL AP1缓冲液。以1 180g离心5min，并用带宽口吸头的移液器取至少400μL上清液至含有5μL RNase A的S96孔板的单个孔中。在65℃下孵育S孔板10min，然后以3 000g离心5min。从每个样品中取340μL上清液至S孔板1，然后用MagMAX Express-96核酸提取仪（生命技术公司）的BS96 DNA Plant程序处理。处理样品时，使用了5个S孔板（1～5）和一个微孔板（MP），其中包括：

S孔板1，400μL异丙醇和30μL磁珠悬浮液G（MagAttract Suspension G）。

S孔板2，400μL RPW缓冲液。

S孔板3，400μL 96%乙醇。

S孔板4，400μL 96%乙醇。

S孔板5，500μL PCR级无菌水（Sigma），含0.02%（v/v）的吐温20。

微孔板含200μL PCR级无菌水。

微孔板中的DNA样品可立刻进行处理，也可用黏性封板膜密封后，在-20℃下保存。

2.2 实时PCR
2.2.1 反应混合液配比

试剂	工作浓度	每次反应体积（μL）	最终浓度
PCR级水（Sigma）	不适用	4.6	不适用
TaqMan® 环保预混液2.0（生命技术公司）	2×	15	1×
TaqMan® 外源性内部阳性对照引物混合液（生命技术公司）	10×	1.5	0.5×
TaqMan® 外源性内部阳性对照DNA（生命技术公司）	50×	0.15	0.25×
正向引物（5' CGTTTGTTGTTGA CGGACAYA 3'）	5μmol/L	1.25	0.25μmol/L
反向引物（5' GGCGCTGTCCRT ACATTGTTG 3'）	5μmol/L	1.25	0.25μmol/L
白线虫探针（5' CCGCTATGTTT GGGC 3'）	5μmol/L	0.625	0.125μmol/L
金线虫探针（5' CCGCTGTGTA TKGGC 3'）	5μmol/L	0.625	0.125μmol/L
小计		25	
DNA稀释缓冲液		5	
总计		30	

2.2.2 PCR试验条件

步骤		时间	温度
预孵育		2min	50℃
酶活化		10min	95℃
扩增（40次循环）	DNA变性	15s	95℃
	引物退火/延伸	60s	60℃

2.3 实时PCR鉴定试验
2.3.1 反应混合液（白线虫或金线虫）配比

试剂	工作浓度	每次反应体积（μL）	最终浓度
PCR级水（Sigma）	不适用	6.25	不适用
TaqMan® 环保预混液2.0（生命技术公司）	2×	15	1×
正向引物（5' CGTTTGTTGT TGACGGACAYA 3'）	5μmol/L	1.25	0.25μmol/L
反向引物（5' GGCGCTGTC CRTACATTGTTG 3'）	5μmol/L	1.25	0.25μmol/L
探针：白线虫（5' CCGCTAT GTTTGGGC 3'） 或金线虫（5' CCGCTGTGTT ATKGGC 3'）	5μmol/L	1.25	0.25μmol/L
小计		25	
DNA稀释缓冲液		5	
总计		30	

2.3.2 PCR试验条件

50℃下预热2min；95℃下变性10min。95℃下持续15s；60℃，1min，所有阶段进行荧光收集，40个循环。

3 基本程序信息

3.1 对照试验

为了得到可靠的试验结果，应该在分离和扩增靶标生物和靶标核酸的每个系列核酸时分别进行以下（外部）对照。

- 阴性分离对照（NIC），用于监控核酸提取过程中是否存在污染，优选采用基质未受侵染的样品（已确认不含球孢囊线虫的土壤）进行核酸提取和后续扩增，或者如果没有的话，可用清洁的提取缓冲液代替。
- 阳性分离对照（PIC），用于确保分离出足够数量和质量的核酸，用含有靶标球孢囊线虫属的基质样品进行核酸提取和后续扩增（如，至少掺有一种，优选两种靶标物种的漂浮物）。
- 阴性扩增对照（NAC）：排除反应混合液制备过程中污染导致的假阳性——扩增用于制备反应混合液的分子生物学级水。
- 阳性扩增对照（PAC）：监测扩增效率，扩增马铃薯白线虫和金线虫的核酸溶液，包括使用从靶标生物中提取的核酸、全基因组扩增DNA和合成对照品（如，PCR克隆产物）。为了确保充分对照，应选择接近检出限的PAC。

内部阳性对照（IPC）作为外部阳性对照（PIC和PAC）的代替（或补充），可分别用于监测每个样品。内部阳性对照品可以是基质DNA中的基因，也可以是被添加到DNA溶液中的基因。

其他内部阳性对照可包括：

- 使用扩增非靶标害虫核酸的保守引物对外源性核酸进行特异性扩增或共扩增，非靶标害虫的核酸也存在于样品中（如，植物细胞色素氧化酶基因或真核生18SrDNA）。
- 扩增掺有外源性核酸（对照序列）的样品，其中的外源性核酸与靶标核酸（如，合成的内部扩增对照品）无关，或者扩增掺有靶标核酸的复样。

3.2 结果分析

应按照下列规范分配PCR试验结果。

对照验证：

- PIC和PAC以及IC和IPC（若适用）的扩增曲线应为指数曲线。
- NIC和NAC应无扩增。

在满足这些条件的情况下：

- 如果试验生成扩增指数曲线，则将其视为阳性。
- 如果未生成扩增曲线或生成非指数曲线，则将其视为阴性。
- 此外，对于基于SYBR® Green的实时PCR试验，T_m值应与预期值一致。
- 试验结果出现矛盾或不清楚时，请重复试验。

4 适用的性能规范

由英国苏格兰农业科学局（SASA）执行以下验证。

4.1 分析灵敏性数据

最低灵敏度为0.1pg马铃薯白线虫或金线虫的DNA。这可以对马铃薯白线虫或金线虫的1个活性孢囊进行检测，即至少含有1个活体线虫幼体的孢囊。该试验可从100个马铃薯白线虫中检测到1个金线虫孢囊，反之亦然。

4.2 特异性数据

包容性：对苏格兰各地的641个马铃薯白线虫种群和531个马铃薯金线虫种群进行了测试。

排他性：引物设计考虑到了孢囊线虫的本地非靶标物种，包括燕麦异皮线虫（2个种群）、*Puntodera punctipenis*（3个种群）和薔草球孢囊线虫（6个种群），它们在英国均有分布。未发现靶标物种与任何此类物种发生交叉反应。未观察到靶标物种与艾草球孢囊线虫（3个种群）和 *G. hypolysi*（1个种群）发生交叉反应，迄今为止，在英国尚未发现有艾草球孢囊线虫和 *G. hypolysi*。在每个测试季节结束时对阳性结果排序，以此来评估哪种物种发生了交叉反应，目前尚未观察到发生交叉反应。

4.3 数据重复性

无可用资料。部分信息可参阅附件1附录7 4.5"其他信息"。

4.4 数据重现性

无可用资料。部分信息可参阅附件1附录7 4.5"其他信息"。

4.5 其他信息

2008—2010年期间，使用形态鉴定法（使用Fenwick浮筒从漂浮物中提取PCN）按种级对从苏格兰田间抽取的土壤样品进行了检测，样品中PCN的阳性检出率为2.0%。前3年（2011—2013年）用PCR诊断法获得的阳性检出率也同样为2.0%（应注意，这些样品各不相同，且取自不同的时段）（标4）。

表4 苏格兰田间抽样检测结果

项目	2008—2010年	2011—2013年
每年待检的平均样品数	5 777	16 052
仅含死亡PCN的样品（%）	5.1	N/A
含PCN活体的样品（%）	2.0	2.0
含马铃薯金线虫活体的样品（%）	1.1	1.0
含马铃薯白线虫活体的样品（%）	1.0	1.1

附录8——利用RNA特异性实时RT-PCR对PCN（球孢囊线虫属）进行活性定量检测和鉴定

1 一般信息

1.1 该试验旨在通过实时RT-PCR鉴定球孢囊属线虫并检测其活性。该规程根据Beniers等人（2014）的文章编制而成。

1.2 总核酸从含1～50个球孢囊的样品中提取获得。

1.3 实时PCR的检测靶标为是延伸因子1-α（EF1-α）。

1.4 无引物位置数据。

1.5 无扩增子大小数据。

1.6 寡核苷酸：引物组由正向引物Fw_EF_Grp_mRNA（5'-ACAA-GATCGGAGGTATCG-3'）和反向引物Rv_EF_Gp_mRNA-1（5'-GTGGTTCATGATGATGA CCTG-30）组成。每个物种使用一个探针：EF_Gpal_probe（5'-Yakimo Yellow- CGAAGA {A} {T}GACCCGGC-BHQ1-3'）和p_EF-Gros_2LNA（5'-6 FAM-CTCGAAGAG {C} GAC {C}CTG-B HQ1-3'）。括号中的DNA碱基为LNA碱基。

1.7 使用PrimeScript™ One Step RT-PCR试剂盒（TaKaRa RR064A）一步完成逆转录和实时PCR。

1.8 未使用反应添加剂。

1.9 去RNA酶试剂，包括分子生物学级水。

1.10 美国应用生物系统公司的ABI Prism 7500型荧光定量PCR仪。

1.11 采用7500 Fast系统软件1.4分析数据。

2 方法

2.1 核酸提取

2.1.1 按照试剂盒提供的组织提取规程，使用MasterPureTM完整DNA/RNA纯化试剂盒提取RNA，其中的改动部分如下：

2.1.2 使用1～50个球孢囊提取核酸。

• 收集所需的孢囊放入1.5mL离心管内。加入100μL无菌水。

• 加入不锈钢球（3mm）或玻璃球，然后用Retsch MM301/MM400球磨仪以30Hz频率研磨5min。取下试管。

• 余下步骤按照试剂盒规程进行测试。

2.2 实时RT-PCR

使用PrimeScript™ One Step RT-PCR试剂盒（TaKaRa RR064A）执行一步法实时RT-PCR试验，其中，最终体积为25μL。

试剂	工作浓度	每次反应体积（μL）	最终浓度
PCR级水		2.25	
OneStep RT-PCR III一步法缓冲液（TaKaRa）	2×	12.5	1×
引物Fw_EF_Grp_mRNA	10μmol/L	0.75	0.3μmol/L
引物Rv_EF_Gp_mRNA-1	10μmol/L	0.75	0.3μmol/L
探针EF_Gpal_probe	5μmol/L	2	0.5μmol/L
探针p_EF-Gros_2LNA	5μmol/L	0.5	0.1μmol/L
PrimeScript TM RT酶预混液II（TaKaRa）	N.A.	0.5	N.A.
TaKaRa Taq™ HS预混液（Takara）	5U/μL	0.5	2.5U
ROX™参比染料II*	50x	0.25	0.5×
小计		20μL	
DNA	按提取量	5μL	按提取量
总计		25μL	

*点击所用循环设备的链接；查阅供应商说明书；N.A.：不适用。

2.3 PCR循环参数

在42℃下5min，在95℃下预变性10s，在95℃下变性10s，在60℃下循环退火和延伸1min，循环40次，在所有步骤和循环周期捕捉荧光信号。

3 对照试验

3.1 对照试验

为了得到可靠的测试结果，应该在每个系列核酸中都进行以下对照。

- 阴性分离对照（NIC），用于监控核酸提取过程是否存在污染，从清洁的提取缓冲液/收集溶液中，或从100μL饮用水中的异皮线虫孢囊中提取核酸和进行后续扩增。
- 阳性分离对照（PIC），用于确保分离出足够数量和质量的核酸，从含有靶标球孢囊线虫属活体孢囊的基质样品（如，马铃薯白线虫和马铃薯金线虫的活卵悬浮液）中提取核酸和进行后续扩增。
- 阴性扩增对照（NAC）：排除反应混合液制备过程中污染导致的假阳性，扩增用于制备反应混合液的去RNA酶分子生物学级水。
- 阳性扩增对照（PAC）：监测cDNA扩增效率，扩增马铃薯白线虫和金线虫的核酸溶液。

3.2 结果分析

PIC和PAC应该生成指数曲线。

NIC和NAC对照应无扩增。

在满足这些条件的情况下：

- 如果试验生成扩增指数曲线，则将其视为呈阳性。
- 如果未生成扩增曲线，则将其视为阴性。

• 试验结果出现矛盾或不清楚时，请重复试验步骤。

4 验证

实时RT-PCR根据PM 7/98进行验证。

4.1 分析灵敏度

1个幼虫活体或活体卵。

4.2 诊断灵敏度

100%。

4.3 诊断特异性

球孢囊线虫属，68.2%；马铃薯白线虫，72.2%；马铃薯金线虫，86.7%。

4.4 分析特异性

100%，不与其他生物发生交叉反应（甜菜异皮线虫、大豆孢囊线虫、甜菜孢囊线虫、三叶草孢囊线虫、烟草孢囊线虫和仙人掌孢囊线虫）。

4.5 重现性

100%。

4.6 重复性

100%。

附录9——目视检测[1]

马铃薯孢囊线虫活卵、死卵、活幼虫及死幼虫的特征见表5。

表5　马铃薯孢囊线虫活卵、死卵、活幼虫及死幼虫的特征

活卵（图12A和图12B）	死卵（图12F和图12G）
a.全卵完好	a.卵体受损/破裂和空壳
b.卵壳平滑	b.卵壳通常不平滑
c.虫卵无色/透明，内容物不同或虫卵中下部分有黑线	c.内容物呈黑色/灰色颗粒状，无结构
d.幼虫卷曲着填满卵壳	d.卵内幼虫干瘪、解体
e.偶见透明唇区和口针	e.无透明唇区或口针
活幼虫（图12C、图12D和图12E）	**死幼虫（图12H、图12I和图12F）**
a.可见幼虫的透明唇区和口针	a.无透明唇区以及部分或全部呈灰色/黑色的结构
b.幼虫角质层强韧、平滑	b.角质层干瘪或不完整
c.肠道充满灰色颗粒结构、固态物	c.透明，虫体上有透明斑点或完全透明
d.咽部与肠道之间明显偏斜	d.咽部与肠道之间未出现明显偏斜
	e.幼虫以某个角度弯折或呈半圆状卷曲
计数时包括头部	计数时不包括尾部和空壳

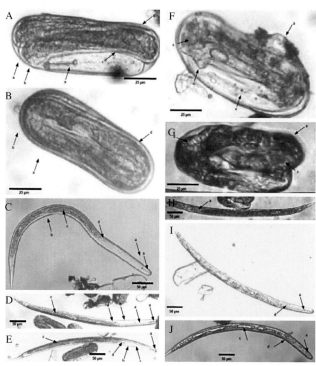

图12　马铃薯孢囊线虫活卵、死卵、活幼虫及死幼虫的特征

1　基于荷兰实验室间的测试性能研究（L. den Nijs pers. comm）。

附录10——孵化检测

A. 孵化检测（试验地点：挪威）

马铃薯种植在装有沙土的栽培槽（500mL）3周后，用1 000mL饮用水浇灌，收集栽培槽底部的溶液，即马铃薯根系渗出物（PRD）。过滤后，将PRD在3℃下保存于黑暗环境中直至需要使用。无需稀释，将PRD放入密闭玻璃小瓶（直径23.5mm，高34mm）中作为孵化单元。每个小瓶中装有一个由尼龙网制成的孢囊袋，尼龙网内含20个孢囊，由PRD完全覆盖。秋季采集到的孢囊需在4℃下暴露4个月，以打破其休眠状态。在与根系渗出物接触2周后，就可达到较高的孵化率。每周将孢囊袋移送至装有新PRD的孵化单元中。每周统计孵化的幼虫数量，每周数据叠加形成总孵化量。在试验结束后，统计孢囊内剩余的幼虫数量，孵化率可以用孢囊总量的百分比表示（图13）。

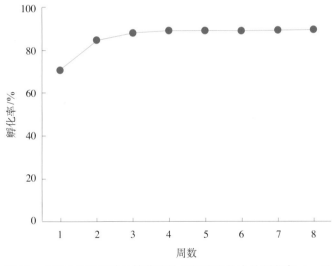

图13 金线虫在3周龄马铃薯植株根部渗出物中的孵化率（n=4）

B. 孵化检测（试验地点：瑞典）

在加入孵化刺激物前，在培养皿、染缸或其他容器中用水将干燥存放的孢囊先浸泡4～5d，充分润湿的孢囊下沉至培养皿底部，期间，每天更换容器中的水，从而防止细菌和真菌滋生。同时，使用移液器反复吹打孢囊，不仅有助于防止真菌滋生，还可促进孢囊的润湿。

将用于制备孵化培养基（如，PRD）的马铃薯植株栽种在装有银沙基质的小型陶瓷栽培槽（200mL）中，栽培槽置于温室内。将3周龄马铃薯植株从基质中取出，用水冲洗根部，然后将植株逐一放入装有饮用水的200mL烧杯中，并在室温下通过空气泵进行通气培养（仅根系浸入水中）。

24h后，经过滤制得渗出物以备用。将水合孢囊（最多100个，这取决于样品中发现的孢囊数）浸泡在未经稀释的PRD中。每天用新样品替换PRD。

试验持续到幼虫开始孵化，或者共8周。

C.孵化检测（试验地点：法国）

该试验持续时间更短，试验程序按试验B中的步骤进行，其中的改动部分如下。

PRD制备：将芽块放在装满饮用水的塑料（透明）烧杯中，以室温（18 ~ 19℃）在黑暗环境中存放4周。过滤含PRD的水，将其分取为代表性试样，然后冷冻（－20℃）直至使用。冷冻48h后，使用前一批PRD（先前制备的PRD）和马铃薯白线虫及金线虫参比种群对该PRD进行评估。若符合要求，则该PRD可用于孵化试验。

孵化检测：将孢囊倒入置于小浅盘上的细筛（250μm）过筛，无需重新水合，小浅盘内装有PRD。每个待检样品准备一个筛网。将20个马铃薯白线虫和马铃薯金线虫孢囊分别放入2个筛网中作为阳性对照品。将全部样品和对照品在室温下放置在黑暗环境中，直至孵化。每隔10d检查一次各样品和对照品是否孵化。如果孵化出幼虫，则试验结果视为呈阳性，同时也表明孢囊为活性孢囊。若需要，每隔10d添加一次新PRD。

如果30d后孢囊未孵化，打开孢囊并通过目视检查评估幼虫活性（附录9）。如果发现有幼虫活体，则试验结果为阳性，否则为阴性。如果阳性对照品未孵化，则活性试验无效。

附录11——海藻糖活性检测法（van den Elsen et al.，2012；Ebrahimi et al.，2015）

海藻糖是一种二糖，以高浓度的形式存在于孢囊的卵周液中，可被用作活性标记物。将预浸泡过的孢囊（浸泡1～2d）煮沸，以释放出孢囊活卵中的海藻糖。煮沸后的孢囊可让卵膜破裂，从而将海藻糖释放入溶液中。可用简易的检测试剂盒测定溶液中是否存在海藻糖；将二糖水解为两个葡萄糖分子，然后可检出葡萄糖。煮沸之后或之前切开孢囊有助于将海藻糖释放到溶液中。预估活体较少时，需在煮沸前切开孢囊。如果需要在活性试验后鉴定物种，则应在测量海藻糖之后，添加裂解缓冲液。然后，可从溶液中提取DNA，并进行后续的PCR试验（请参阅附件1附录2～8）。

附件2 加拿大和美国马铃薯孢囊线虫（马铃金线虫和马铃薯白线虫）监测和植物检疫措施指导原则

目 录

1 引言

加拿大食品检验局(CFIA)和美国农业部动植物卫生检验局(USDA-APHIS)分别是加拿大和美国的国家植物保护机构（NPPO）。马铃薯金线虫和马铃薯白线虫［也称马铃薯孢囊线虫（PCN）］的监测与植物检疫行动准则(以下简称"准则")是由这两个机构与两国的利益相关方协商制定的，其旨在：

- 概括PCN监测时采取的植物检疫措施。
- 限定区内大田的长期管理和/或解除向国家植保机构提供指导。
- 制定两国间马铃薯种薯和其他限定物的调运要求。

该准则旨在确保两国的植物检疫行动具有可预测性和相同的科学依据。为限定物的调运制定基于风险的监管措施和流程，旨在防止PCN扩散。

本准则根据《国际植物保护公约》(IPPC)和世界贸易组织《实施卫生与植物卫生措施协议》的原则制定。准则还考虑了那些对PCN有直接了解和经验的科学家组成的国际独立科研小组给出的建议，以及包括美国国家马铃薯委员会、加拿大园艺局——加拿大马铃薯协会在内的马铃薯产业利益相关方的建议和美国国家植物委员会的意见。除附录1另有规定外，相关术语均采用了IPPC的定义。

2 植物检疫行动的根据

在加拿大和美国，马铃薯孢囊线虫被视为检疫性有害生物。现有证据表明，马铃薯孢囊线虫在加拿大和美国并未广泛分布。它们在美国和加拿大分布在局部地区，并处于官方控制之下。

PCN是一种长寿命的土传有害生物，在种群密度非常低的情况下难以被发现，含有卵的孢囊能够在土壤中存活数十年之久。针对PCN，目前尚无快速、经济和有效的处理方法。PCN的防治非常困难，需要综合利用植物检疫措施，包括持续监测、处理(杀线虫剂)和农业防治措施(例如，轮作、应用抗性品种、套种和寄主回避)。

马铃薯种薯和其他带土壤物品的调运对这类有害生物的传播构成的风险最高。适当的监测和监管控制对最大限度降低PCN的扩散风险。

3 土壤取样和实验室分析程序

加拿大食品检验局和美国农业部动植物卫生检验局的官员已经就符合国际公认标准的统一土壤取样和实验室分析程序达成一致。所有土壤样本应由官方采集，并提交给国家植保机构认可的实验室处理。

适用时，国家植保机构将向利益相关方和合作方提供用于PCN定界调查和发生调查的程序。

4 植物检疫措施

如果新近检出了PCN，则必须采用附件2附录5中的程序来确认检出孢囊的农田内PCN侵染情况。国家植物保护机构还将立即采取植物检疫措施，以防止潜在的PCN扩散到非疫区。这些措施将包括以下措施。

4.1 确认发生马铃薯孢囊线虫侵染的农田

（1）限制限定物（附件25"限定物"）从受侵染农田调出。

（2）国家植保机构和合作方将调查那些可能与受侵染农田相关的限定物的调运历史记录，以确定可能暴露的农田。

（3）限制限定物（附件25"限定物"）从所有已被确定为"毗邻或暴露于受侵染农田"的农田内调出。

（4）毗邻、暴露和受侵染的农田将构成最初的限定区，并将受到附件29"解除土地管制"中所述的所有取样和监管控制。

（5）如果PCN侵染的农田被用来生产马铃薯种薯，则必须收集此疫田所生产种薯批次的溯源信息。如果农田种植的种薯来自于受侵染农田的最后一批马铃薯作物，该农田也必须作为暴露农田划入限定区。

（6）优先调查种薯来源的受侵染农田，但不一定会将之划入限定区。在这些个别农田的调查工作结束前，限制这些农田的种薯调运。

（7）应按照附件29"解除土地限制"中所述的办法解除最初限定区管制。

4.2 正在就马铃薯孢囊线虫侵染进行确认的农田

在某些情况下，已检出PCN的农田可能并不会被立即被视为受PCN侵染的农田（附件2附录5）。正在进行PCN侵染确认的农田会被视为可疑农田，并且应按照以下方式处理：

（1）限制限定物（附件25"限定物"）从已进行取样的可疑农田中调出。

（2）为确定潜在的暴露农田，应启动与可疑农田有关的限定物的调运历史信息的调查。

（3）如果在执行附件2附录5中所述的所有程序后，仍不能确认可疑农田发生PCN侵染，则解除所有的植物检疫措施。

（4）如果可疑农田被确认已被PCN侵染，该农田以及毗邻农田和暴露农田都将会受到监管，并将受到附件29"解除土地管制"中所述的所有取样和监管控制。

在进行上述调查的同时，针对两国之间的马铃薯种薯贸易而制定的PCN植物检疫认证要求（附件28"马铃薯种薯的植物检疫认证"）将提供必要的保障，以确保那些产自限定区之外农田的马铃薯种薯贸易不会中断。

5 限定物

限定物包括但不限于：

- 马铃薯金线虫和马铃薯白线虫的孢囊。
- 土壤。
- PCN寄主作物。
- 其他任何可能导致土壤或PCN流通的物品。

由于PCN的主要传播途径为与土壤相关的设备、马铃薯块茎、块根作物、苗木或其他物品移动土壤，因此对这些物品进行监管以减少潜在的PCN扩散至关重要。设备和限定商品只有在符合表1所述降低风险的要求后，或符合各自植保机构批准的合规协议的情况下，方可从PCN限定区运出。国家植保机构与其各自的合作伙伴开展合作，负责在限定区内实施一切必要的监管控制，以便监测此类监管控制的有效性，并确保合乎规定以及最大限度地降低PCN扩散的可能性。

为了启动监管控制以及建立限定区，加拿大视情况颁布专门的限制通知、部长令和/或法规。美国则结合使用紧急行动通知、州规章和联邦法规来建立限定区。

表1 从限定区、农场或农田（包括受侵染农田、暴露农田和毗邻农田）调运限定物的要求

物品	来自PCN限定区
非寄主苗木、鳞茎、球茎、根茎、观赏植物的块茎、草皮（土壤田）	除附件27"限定区内的非疫产地或非疫生产点"所述的情况外，禁止调运土壤和相关物质 除附件27"限定区内的非疫产地或非疫生产点"所述的情况外，土壤必须清洗干净，并且应当来自于未发现PCN的农田 [应基于最近36个月内开展的调查（方法A）] 如附件27"限定区内的非疫产地或非疫生产点"所述，种植用和繁殖用植物可以在封闭设施内的无土栽培介质中种植培育，或者在无PCN产地的容器中种植培育 如附件27"限定区内的非疫产地或非疫生产点"所述，种植用和繁殖用田间栽培植物可以在无PCN的地方生产 如附件27"限定区内的非疫产地或非疫生产点"所述，带土壤的植物必须来自于限定区之外，并以能够防止PCN侵染的方式进行处理和种植 调运还需要遵守其他要求
非种植用马铃薯（包括加工和菜用）	应当按照现行的经国家植保机构批准的PCN管理计划种植马铃薯 加工马铃薯（例如，切片、脱水、炸薯条）必须依照监管控制措施（合规协议），在经国家植保机构批准的加工设施中进行加工处理 生鲜消费用马铃薯（例如，菜用马铃薯）必须依照监管控制措施（合规协议），在经国家植保机构批准的设施中清洗、抑芽和商业包装 菜用马铃薯和加工马铃薯运出限定区需要政府颁发调运证书或许可证
马铃薯——种植用和再认证用种薯	限定区内马铃薯种薯的种植应依照现行的经国家植保机构批准的PCN管理计划进行，不得在限定区之外种植
大豆、豌豆、豆类、干草、稻草和植物凋落物	不得让土壤污染限定物
块根作物（马铃薯除外）	块根作物种植只能依照经国家植保机构批准的PCN管理计划进行 加工用块根作物必须依照监管控制措施（合规协议），在经国家植保机构批准的加工设施中进行加工 生鲜消费用块根作物必须依照监管控制措施（合规协议），在经国家植保机构批准的设施中，进行清洗和商业包装 块根作物运出限定区需要政府颁发调运证书
农业设备、农具、废旧容器和任何其他可能携带土壤的设备或运输工具	必须按照国家植保机构的要求清除土壤或除害，在运离限定区之前附带调运证书

注：对于来自PCN限定区之外的物品未作具体要求，但可能还需要遵守其他要求。

6 国家马铃薯孢囊线虫发生调查

加拿大和美国每年均会调查本国用于种植马铃薯种薯的部分土地。用于生产马铃薯种薯的土地，包括大学、政府或其他研究机构的土地，应作为调查工作的一部分进行调查。

建议的调查比率参见方法B（附件2附录2）。

7 限定区内的非疫产地或非疫生产点

ISPM 第10号所述的非疫产地(PFPP)和非疫生产点(PFPS)视具体情况允许在限定区内建立，前提是其与相关的国家植保机构签订了合规协议。

7.1 在封闭设施或容器内种植的种植用和繁殖用植物，包括微型块茎和马铃薯植株

如果符合以下标准，则可在限定区的封闭设施内建立PFPS：

- 如果设施内存在土壤，利用方法A（附件2附录2）的最小值进行PCN发生调查和检测，结果为阴性。
- 生产实践能够防止周围农田的土壤进入该设施。
- 采用无土栽培介质。
- 使用的水经过过滤、处理或来自套管井和加盖井。
- 装运区/接收区、停车区和其他区域的建造和维护应防止与土壤接触。
- 生产点周围4.6m（5yd）范围内无PCN寄主。
- 设施地面能够保证与地基土隔离。
- 设备在进入设施前以及调出限定区时，不能携带土壤。

7.2 大田栽培的种植用和繁殖用植物

如果符合以下标准，则可以在限定区建立用于大田栽培植物的PFPP，但不得在受侵染的农田中建立PFPP：

- 过去10年内未曾种植寄主作物。
- 已进行了PCN发生调查和检测，检测结果为阴性（使用方法A）。
- 每36个月进行1次PCN发生调查（使用方法B）。
- 生产点周围至少有4.6m（5yd)的缓冲区，且缓冲区内无PCN寄主。

8 马铃薯种薯的植物检疫认证

为取得植物检疫出口认证资格，销往加拿大或美国的种薯生产农田必须符合下列条件：
种植马铃薯种薯的农田必须在生产马铃薯后按照方法B规定的最低比率取样，而且测试结果为阴性；或者按照方法B最低比率进行了两次调查并且PCN检测结果呈阴性的农田将免于之后的3轮马铃薯作物PCN调查。豁免期结束后，该农田将按照方法B规定的最低比率再次进行调查，如果检测结果依然呈阴性，该农田将再次免于之后的3轮马铃薯作物PCN调查（注：自2009年以来，依照方法B的最低比率进行的调查计入了两次调查要求）。

这些农田必须未检出PCN或处于附件2 4"植物检疫措施"、9"解除土地管制"所述的监管控制之下。在给马铃薯种薯货签发植物检疫证书之前，必须事先对这类用于种植马铃薯种薯并出口到其他国家的农田进行PCN调查和实验室检测。

用于试验或研究目的且数量不超过500个块茎的马铃薯种薯样本的运输不受这些要求的限制，前提是在此之前已对此农田进行了调查，并且PCN检测结果呈阴性。

与加拿大和美国之间马铃薯种薯贸易商业运输相关的植物检疫证书应包含以下附加声明：

"已按照现行的 PCN 准则对此批马铃薯种薯的生产农田进行了调查和检测，且未检出马铃薯孢囊线虫(马铃薯金线虫或马铃薯白线虫)。"

与加拿大和美国之间贸易且产自 PFPP 或 PFPS 的限定物的运输相关的植物检疫证书应包含下述附加声明(附件 2 7 "限定区内的非疫产地或非疫生产点")：

"此批货物产自非 PCN 产地或非疫生产点，并且种植方式能够防止马铃薯孢囊线虫(马铃薯金线虫和马铃薯白线虫) 侵染。"

9 解除土地管制

本节描述了如何逐步减少植物检疫措施，从而解除所有限定农田的管制。附件2附录5介绍了可疑农田取样以及解除程序。必须依照这些准则所述的适用植物检疫措施管理被管制的农田。

9.1 限定的非农业用地

加拿大和美国有许多限定农田已经转为非农业用途。非农业土地包括但不限于公路或其他铺有路面的道路、铺路路面的停车场、工业园区、其他商业开发项目（如商场、公寓住宅和办公楼）、国家或州公园等。

如果符合以下标准，该类所有限定土地均可依据这些标准解除管制：

（1）必须有相关的记录，以便确定该土地在过去20年里已经不再进行农业生产，并且不会恢复农业生产。

（2）非农业用途的建设导致该土地无法耕种，并且无法恢复农业生产。

9.2 不再用于寄主作物生产的限定农业用地

加拿大和美国有一些限定农田仍在进行农业生产，但禁止生产一切寄主作物或此类生产活动已至少停止30年。这可能包括以前受侵染的农田、毗邻农田或暴露农田。

在此期间，这类农田可能会被用于各种用途，包括但不限于休闲农场、休耕田、饲料作物、谷物田、苗圃、牧场、骑术学校、草皮农场等。如果符合下述的所有标准，这类涵盖的限定土地均可解除管制（以前受侵染的土地除外，这些土地可能永远不能用于生产马铃薯种薯）：

（1）必须有相关的记录，以便确定该土地在过去30年里已经停止寄主作物生产活动。

（2）至少采用方法 A 对此农田进行了调查。

（3）如果发现 PCN 孢囊，则必须对这些孢囊进行活力检测。

（4）如果未发现 PCN 孢囊，或在活力检测后未检测到具有活力的幼虫或卵，然后可以对该农田解除管制。

（5）如果在解除管制后种植寄主作物，则强烈建议继续监测。

9.3 用于生产寄主作物的毗邻农田和暴露农田

毗邻农田和暴露农田需要采取监管措施，它们与受侵染农田有联系，因此具有土传扩散 PCN 的风险。可以依照附件 2 5 "限定物"的规定在田间种植寄主作物。在监管控制（例如，合规协议或同等协议）下，在毗邻农田和暴露农田种植非种薯用途的加工用或鲜食用马铃薯。在监管控制（例如，合规协议或同等协议）下，也可以种植种薯用马铃薯但从毗邻农田和暴露农田中收获的马铃薯种薯只能在该限定区内使用。当满足下述条件（1）和（3）时，可以解除暴露农田的所有管制。当满足以下所有条件时，可以解除毗邻农田的所有管制。

（1）阴性调查。为了进行（2）和（3），在寄主作物生产后，采用方法A调查一次或采用方法B调查两次，检测结果必须为阴性。如果可以使用历史调查数据，而且在最初暴露事件发生后进行了调查，所采用的调查方法至少相当于每英亩6 000cm^3（15lb），则可以使用历史调查数据。

（2）取消设备清洁要求。如果上述调查结果为阴性，可以根据具体情况评估取消设备清洁要求。

（3）额外的监测。在种植易感寄主作物之后，采用方法A额外调查一次。如果调查结果为阴性，则可以解除暴露农田的所有管制。

（4）毗邻农田。只有在相关的受侵染农田的生物测定结果为阴性后，才能解除对毗邻农田的所有管制。

9.4　用于生产寄主作物的受侵染农田

由于PCN具有很高的土传扩散风险，用于生产寄主植物的受侵染农田需要采取最严格的植物检疫措施。马铃薯必须依照国家植保机构批准的管理计划种植，除非马铃薯是作为生物测定工作的一部分种植的。

（1）阴性活力测定。必须利用活力测定调查（附件2附录2）对农田进行调查，并且依照PCN活力测定方案（附件2附录3）不能检测到具有活力的PCN。

（2）阴性生物测定。在阴性活力测定完成后，必须按照附件2附录4中所规定的程序进行生物测定。

（3）解除设备清洁要求。如果生物测定结果为阴性，可以根据具体情况评估取消设备清洁要求，并且可以依照附件2 5"限定物"的要求在田间种植寄主作物。

（4）持续监测或田间生物测定。利用活力测定方法进行3次额外的全面田间调查。每次调查必须在易感寄主作物收获后进行。

（5）进一步解除管制。如果未检出具有活力的孢囊，则可以解除该农田的大多数管制，但该农田仍然不准许用于生产马铃薯种薯。

10　审查和修订

应当按照国家植保机构的要求对这些准则进行审查，或自核准之日起每两年定期审查一次。此类审查要求应得到及时处理。在审查的过程中，将会咨询利益相关方，包括美国马铃薯委员会和加拿大园艺局、加拿大马铃薯委员会，以及美国国家植物委员会。

虽然国家植保机构可以对这些准则的修订建议进行讨论，但任何此类修订只有在得到双方书面同意并经两国植保机构的授权代表签字后才具有效力。

加拿大和美国的植保机构将按照双方商定的时间表以轮流的方式对程序进行联合审查。此类审查结果将根据需要用于改进这些准则。

11 准则的期限

这些准则将在两国植保机构的授权代表签字之日后立即实施和应用，并将持续有效，除非依据下述条件之一予以终止：

一国的国家植保机构有权在向另一国的国家植保机构发出书面通知的60日后，随时自行决定终止这些准则。

经双方同意，本准则可于两国国家植保机构书面批准并经其授权代表签字确认的日期终止。

12 报告

为了促进这些准则的实施，并确保及时交流正在开展的行动，两国的植保机构同意每年至少一次向两国的利益相关方提供报告，包括国家调查数据。各国植保机构可以自由地与利益相关方就其国内的准则相关问题进行交流。

除了报告这些监管准则外，加拿大食品检验局和美国农业部动植物卫生检验局还致力于让本国的利益相关方了解基于科学的降低风险的方法，以防止PCN扩散。

13 违规与争议解决

如果出现与这些准则中规定的要求，或有关解释或实施方面相关的违规事件，由国家植保机构讨论该事件以便迅速解决。如果国家植保机构之间的双边讨论无法解决争议，国家植保机构将共同选择一名协调者继续讨论。如果争议仍然无法解决，任何一个国家植保机构都可自行决定立即或依照上述办法终止这些准则。

14 确认与认可

加拿大食品检验局和美国动植物卫生检验局在此确认，两国植保机构认可本文件所述准则的当前版本。

加拿大食品检验局和美国动植物卫生检验局在此确认并认可本准则的当前版本，废除并取代之前签署的版本（2009年6月）。此外，各自国家的植保机构承认依照以前版本的准则进行的所有土壤取样、检测和监管行动均可被接受。

加拿大食品检验局和美国动植物卫生检验局将及时分享有关本国新的PCN检出信息。

此准则已由国家植物保护机构的授权代表签署，一式两份。

Greg Wolff	Osama El Lissy
首席植物卫生官	副处长
加拿大食品检验局植物生物安全和林业司司长	美国农业部
	动植物卫生检验局
	植物保护与检疫处

附录1——定义

以下一些术语在《国际植物保护公约》的《植物检疫术语表》（第5号ISPM）中已有定义。

毗邻农田：受侵染农田周围13.7m（15yd）范围内的一块农田或大片农业土地。

马铃薯脱毒种薯：经美国马铃薯协会认可的马铃薯种薯认证程序正式认可并归类为繁殖材料的马铃薯块茎。

定界调查：为确定被某种有害生物侵染或无此有害生物的地区界限而进行的调查（IPPC，2007年）。

发生调查：为确定某地区是否存在有害生物而进行的调查（IPPC，2007年）

大田：在某一商品的产地内划定的一块土地（IPPC，2007）。

受侵染农田：一块已确认存在马铃薯金线虫或马铃薯白线虫的农田。

非暴露农田：一块已被确定与PCN侵染农田无关的农田。

暴露农田：一块与曾在受侵染农田中作业的设备有过接触，或受侵染农田的土壤被运至此处，或从受侵染农田接收过繁殖寄主材料的农田。

限定区：植物、植物产品和其他限定物进入、在其中和/或从其输入须采用植物检疫法规或程序，以防止检疫性有害生物传入和/或扩散，限制、限定的非检疫性有害生物的经济影响地区（IPPC，2007年）。

可疑农田：已检出一个或多个与PCN一致的孢囊，但尚未根据附件2附录5对马铃薯金线虫或马铃薯白线虫侵染进行最终确认的农田。

上游农田：为受侵染的农田提供马铃薯种薯的农田。

下游农田：从受侵染的农田获得种薯的农田。

附录2——马铃薯孢囊线虫田间土壤取样要求

标准调查要求

注：（1）必须对所有的土壤样本全部进行检测。

（2）单份样本：2 000cm³的土壤（约5lb）。

方法A：

- 按固定的网格模式对整个农田进行取样。
- 土壤至少20 000cm³/hm²（20lb或8 000cm³/英亩）。
- 取样点至少1 000个/hm²（400个/英亩）。
- 网格单元格最大尺寸约为18m²（21.5yd²）。
- 对于手动取样，网格单元格的长度不得超过宽度的2.5倍。
- 对于矩形网格单元格，最长边应当与栽培方向保持平行。

方法B：

- 按固定的网格模式对整个农田进行取样。
- 土壤至少5 000cm³/hm²（5lb或2 000cm³/英亩）。
- 取样点至少400个/hm²（160个/英亩）。
- 网格单元格最大尺寸约为30m²（36yd²）。
- 对于手动取样，网格单元格的长度不得超过宽度的2.5倍。
- 对于矩形网格单元格，最长边应该与栽培方向保持平行。

活力测定调查：

- 按固定的网格模式对受侵染农田疫源地进行取样。如果疫源地尚未确定，对整个农田进行取样。
- 土壤至少45 000cm³/hm²（45lb或18 000cm³/英亩）。
- 网格单元格最大尺寸约为5m²（6yd²）。
- 取样应使用最小深度为25cm（10in）的土壤探针。
- 对于手动取样，网格单元格的长度不得超过宽度的2.5倍。
- 对于矩形网格单元格，最长边应当与栽培方向保持平行。

附录3——马铃薯孢囊线虫活力测定方案

此处给出了下述作为指导用的活力测定方案。如果其他方案科学有效，也可以采用其他活力测定方案。

梅多拉蓝活力测定方案

用于评估马铃薯白线虫孢囊中卵/幼虫活力的方案。将孢囊浸泡在染色剂中，此染色剂能够被死去的卵/幼虫吸收，但不会被活体卵/幼虫吸收。

Ⅰ 孢囊保存

在进行活力分析之前，应将来自田间样本的孢囊保存在一个安全的地方（温度条件为室温水平）。

Ⅱ 孢囊水化

A.从一份农田样本或混合农田样本中随机分离400个孢囊。将孢囊放入1in（25.4mm）方形网袋之中（图1），并使用热封机对网袋进行密封。将装有孢囊的网袋放入一个干净的20mL有螺旋盖的样本瓶内。如果可用的孢囊不足400个，则应当尽可能多地使用样本或混合样本内的孢囊。

B.通过向20mL样本瓶加入蒸馏水至肩部来水化孢囊（图2）。盖上盖子并拧紧。

C.让孢囊在室温下水化至少24h，但不得超过72h。

Ⅲ 孢囊染色

A.从装有水化孢囊的样本瓶中取出10mL蒸馏水。

B.向剩余10mL蒸馏水和水化孢囊的样本瓶中加入10mL0.1%（w/v）的梅多拉蓝染色溶液，让梅多拉蓝的最终浓度达到0.05%。

C.盖上瓶盖，并在室温下保存至少48h，但不得超过7d。

Ⅳ 读取程序

A.将一个200目的筛网叠放在一个500目的筛网上，用自来水冲洗。将叠放的筛网放在400mL的三角烧杯中。

B.将已染色的孢囊小包转移到200目筛网上

C.用装有蒸馏水的清洗瓶彻底清洗小包和孢囊上的染色液。

D.用橡胶刮棒或研磨棒的尖端轻轻按压筛网上的孢囊小包，以压破孢囊。注意不要过度挤压孢囊，因为这样会破坏卵、粉碎幼虫。

E.冲洗孢囊小包，以确保所有的卵和幼虫通过小包和上层（200目）筛网，并冲入下层（500目）筛网。注意冲洗液不能溢出三角烧杯。

i.初次冲洗后，打开小包并在小包内放置一个塑料滑动盖板，使小包保持敞开状态，然后再次冲洗，以确保取出小包内的所有卵和幼虫。

ii.一旦所有的卵和幼虫在彻底冲洗下通过上层（200目）筛网，取下上层筛网并放在一边。

iii.应对上层筛网的残余物进行高压灭菌处理并废弃。

F.将卵/幼虫冲洗至500目筛网边缘，然后将其放入30mL带刻度的锥形瓶中。向锥形瓶中加入蒸馏水，直至最终体积达到5mL或10mL。

G.使用鱼缸曝气器或移液吸管，使样本起泡至少30s，以便将卵/幼虫悬浮在样本中。

H.将1mL悬浮液从锥形瓶转移到1mL计数显微镜载玻片上。用盖玻片盖住载玻片。

I.用封口膜封好装有剩余卵/幼虫悬浮液的量筒。在量筒上贴上样本编号和日期标签。剩余悬浮液可在冰箱中最多存放7d。

J.使用40倍体式显微镜来统计染色（紫色）和未染色（浅琥珀色）卵/幼虫的数量（图3）。在此步骤中，使用双手计数器来记录计数。

i.不要统计空卵或尺寸小于正常尺寸1/2的幼虫。

ii.统计染色和未染色的卵/幼虫，直到在单张载玻片上至少数出1 000个卵/幼虫。

iii.计数者应该以相同的方向以及相同的起点读取载玻片，以确保每位计数者都能读取载玻片的相同区域。

K.如果在使用第一份1mL的卵/幼虫悬浮液时，卵/幼体计数未能达到1 000个，重复步骤I至步骤K，根据需要利用剩余的悬浮液样本另外制作载玻片。

V 对照

A.每天对田间样本进行活力分析，阳性和阴性对照样本也需要分析。

i.新培养的马铃薯白线虫或烟草球孢囊线虫孢囊适合用作对照。

ii.阳性和阴性对照应分别制备和分析。每份阳性和阴性对照的载玻片应至少统计100个卵/幼虫。为了达到这些计数要求，每份制备的阳性和阴性对照应至少使用4个孢囊。

B.阳性(活体)对照的制备：
阳性对照的制备方法与田间采集的活力样本的制备方法相同。

C.阴性(死亡)对照的制备：
i.通过121℃高压灭菌1h，利用高温杀死阴性对照孢囊。

图1　孢囊小包。1in方形网袋，由尼龙材料制成，热塑性编织网，过滤孔径430μm，矩形尺寸0.169in
(McMaster-Carr #I 029 M SEFAR NITREX 06-250/3 4)

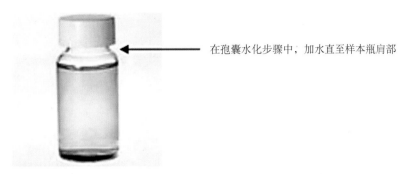

在孢囊水化步骤中，加水直至样本瓶肩部

图2 样本水化步骤中的20mL装有水和孢囊的样本瓶

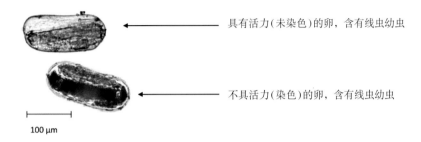

具有活力（未染色）的卵，含有线虫幼虫

不具活力（染色）的卵，含有线虫幼虫

100 μm

图3 具有活力和不具活力的马铃薯白线虫卵／幼虫的染色差异

VI 参考文献

Devine, K. J., P. W. Jones, 2001. Effects of hatching factors on potato cyst nematode hatch and in-egg mortality in soil and in vitro. Nematology, 3:65-74.

Goffart, H., 1965. Vergleichende Versuche ueber die Faerbung mit Meldola-Blau und Neublau-R als Vitalitaetstest fuer pflanzenparasitaere Nematoden. Nematologica, 11:155.

Grove, I. G., P. P. J. Haydock, 2000. Toxicity of 1,3-dichloropropene to the potato cyst nematodes *Globodera rostochiensis* and *G. pallida*. Aspects of Applied Biology, 59:103-108.

Magnusson, M. L., 1986. Develo μ ment of *Globodera rostochiensis* under simulated Nordic conditions. Nematologica, 32:438-445.

Meyer, S. L. F., Sayre, et al., 1988. Comparison of selected stains for distinguishing between live and dead eggs of the plant-parasitic nematode *Heterodera glycines*. Proceedings of the Helminthological Society of Washington, 55:132-139.

Moriarity, F. , 1964. The efficacy of chrysoidin, new blue R, and phloxine B for determining the viability of beet eelworm, *Heterodera schatii* Schm. Nematologica 10:644-646.

Ogiga, I. R., R. H. Estey, 1975. The use of Meldola Blue and Nile Blue for distinguishing dead from living nematodes. Nematologica, 20:271-276.

Ryan, N. A., Deliopoulos, et al., 2000. Effects of mycorrhizal fungi on the potato - potato cyst nematode interaction. Aspects of Applied Biology, 59:131-140.

Twomey, U., Warrior, P., Kerry, et al., 2000. Effects of the biological nematicide DiTerra®, on hatching of *Globodera rostochiensis* and *G. pallida*. Nematology, 2(3):355-362.

附录4——马铃薯孢囊线虫生物测定

目的：

土壤生物测定将在活力测定为阴性之后进行（附件2附录3）。在完成生物测定程序期间，管制农田内将继续进行正常的作业活动，包括卫生程序。

在生物测定过程中必须小心行事，以确保活PCN孢囊或具有侵染性幼虫的释放可能性降至最低水平。必须严格遵守与控制、许可和遵守协议条件相关的监管要求。

步骤：

所需材料：
- 80mm×80mm尼龙网眼平纹细布"茶"袋。
- 1gal（最小容积，约为3.79dm³）罐。
- 无菌土壤：无菌沙混合物为1：3。
- 种植设施具有必需的生物防护，并能够保持生物测定所需的受控条件。

按照活力测定的取样率（附件2附录2）对田间划定的PCN疫源点进行取样。使用Fenwick罐、美国农业部孢囊提取器或其他合适的设备提取土壤的有机组分。将含有PCN孢囊和其他相关有机物的有机组分或悬浮物收集在一个250mL的烧杯中，烧杯内衬有一个80mm×80mm尼龙网眼平纹细布"茶"袋，每罐至少装20个孢囊(如果有的话)。每个尼龙网布茶袋装入20mL左右的有机组分，并热封。

最多将4个平纹细布袋放在一个合适的花盆里，花盆内装有1份无菌壤土和3份无菌沙子的混合物。此混合物的量应当适合一株马铃薯生长至成熟。所有袋子都放入花盆中后，应在花盆中间靠近袋子的位置放入一个马铃薯块茎。

种植易感马铃薯植株至少120d。花盆内生长的杂草应及时清除。生长期间温室或培育箱内的温度不得超过24℃。马铃薯植株一旦生长成熟，必须小心地将其从土壤与沙的混合物中取出。检查所有可见的根部是否有孢囊。必要时，应当对根部进行清洗，并将水排入原来的花盆。如果在根上检出PCN孢囊，则认为生物测定结果为阳性，平纹细布袋中有机组分来源的农田将继续受到监管。如果未检出PCN孢囊，则可立即继续进行生物测定，并且可最多再进行两轮(如果进行生物测定的农田已停止种植寄主作物至少5年，则不考虑滞育)。移除植物后，检查茶袋是否破损并根据情况进行更换。

如上所述，再重复两个生长周期的生物测定。一旦最后的马铃薯植株生长成熟，则必须小心地将植株从土壤与沙的混合物中移除，并检查根部以及土壤与沙的混合物有无孢囊。必要时，应当清洗根部。还必须采用附件2附录3所述的方法检查平纹细布袋中孢囊的活力。此外，分离土壤并检查有机组分中是否存在孢囊。如果检测到PCN孢囊，则认为生物测定结果为阳性。

也可以在受侵染的农田中进行生物测定。这些农田必须进行了活力测定调查，并且必须采用附件2附录3所述的染色方法对所有检出的孢囊进行检测或由经过培训的线虫学家确定其是否具有活力。如果检出的所有孢囊均被确定为不具活力，则可以在受PCN侵染的疫源地的农田上种植易感寄主作物，并在农田内各个疫源地周围划出至少15in（4.6m）的缓冲区。如果不清楚田间的疫源地，则必须在整块农田上种植易感寄主作物。在易感寄主作物生长成熟后，可以根据合规协议（或其他适当的监管工具）进行收获和转移。收获结束后，必须按照活力测定调查率 [45 000cm³/hm²（18 000cm³/英亩），深度为10in（25cm）] 对农田中的易感作物种植区域进行调查。发现的任何孢囊都必须采用适当的活力检测方法进行分析。

在之后的两个生长季节，都必须种植易感寄主作物，收获后对所有检测到的孢囊进行活力测定调查和活力检测。如果所有活力检测结果均为阴性，则认为生物测定结果为阴性，并且可以继续进行附件2 9"解除土地管制"所述的渐进过程。

附录5——可疑马铃薯孢囊线虫（PCN）侵染的确认政策

引言

这是一项专门针对PCN的政策，并且以该生物的生物学和流行病学知识为基础。

样本必须由国家植保机构或国家植保机构批准的实验室利用明确的形态学/形态计量学和分子鉴定技术进行鉴定和确认，包括来自国家植保机构之外的机构或未经国家植保机构批准的实验室的样本。一旦确认该有害生物，则可能会采取管制措施。

如果某处农田有至少一个已确认的阳性样本，那么该农田的后续样本不需要进行确认检测。如果可疑样本并非官方样本，可能需要采集官方样本。

形态学和分子方面的PCN确认

马铃薯白线虫或马铃薯金线虫完整、明确的鉴定是一个多步骤过程，如下所述：

1.验证样本中是否含有可疑的球孢囊线虫属或其他孢囊线虫属（如棘皮线虫属）生物。

2.验证可疑孢囊和/或任何幼虫形态是否具有关键特征，并且在PCN物种形态特征范围之内。

3.验证可疑线虫组织是否产生可以确定为PCN物种的DNA（根据PPQ CPHST-Beltsville发布在www.nahln.org上的作业指导书，以及Skantar等人于2007年发布在http://www.ncbi.nlm.nih.gov/μmc/articles/PMC2586493/上的作业指导书）。

4.验证形态学分析和分子分析是否一致。

PCN侵染农田确认

对于那些被认为发生PCN侵染的农田，应满足以下标准：

至少有两个来自两份不同土壤样本的孢囊，其中一个孢囊含有具有活力的PCN卵或幼虫。

如果不符合上述标准，应尽快采用方法A进行调查。如果未再检出孢囊，还必须在下一批易感寄主作物之后进行活力测定调查。如果在这些调查后并未再次检测到孢囊，则可以解除监管控制。

不符合本政策条款的农田不会被视为受侵染的农田，但是，在种植任何易感寄主作物后，应继续监测这些农田。

附件3 欧盟马铃薯白线虫和金线虫国家监管体系

国家监管体系

PM 9/26（1）马铃薯白线虫和马铃薯金线虫国家监管体系

具体范围

本标准描述了马铃薯白线虫和马铃薯金线虫国家监管体系。

具体批准

于2000年9月第一次通过。

定义

致病型：本标准中使用的术语致病型涵盖致病型、毒性群体或任何具有独特毒性的种群。马铃薯孢囊线虫（PCN）的一些致病型已有描述。然而，源自欧洲（Kort et al.，1977）和南美洲（Canto Saenz et al.，1977）的现有致病型分型方案并不能够完全确定马铃薯孢囊线虫的毒性（Trudgill，1985）。

术语"爆发"和"入侵"在ISPM 5《植物检疫术语表》中的定义如下。

入侵：在某个区域最近检测到一种不明确是否已长期存在，但可能会在近期存活的有害生物种群。

爆发：最近被检测出的有害生物种群，包括入侵或某地区长期存在的有害生物种群的突然大量增加。

传入

马铃薯金线虫和马铃薯白线虫是EPPO A2类有害生物，关于其生物学特征、分布、经济重要性的资料可在EPPO全球数据库中找到。马铃薯金线虫和白线虫是会造成马铃薯作物严重损失的两个马铃薯孢囊线虫种类，在100多个国家被视为检疫性有害生物。与马铃薯有关的一个新物种，即 *Globodera ellingtonae*，在美国已有记录（俄勒冈州，Handoo et al.，2012），之后在阿根廷和智利也有发现（Lax et al.，2014）。该物种的繁殖可用携带H1

基因的栽培品种加以控制（对致病型Ro1具有抗性），但是它对马铃薯的致病性还有待确认（Zasada et al.，2013）。这是3种已知能在马铃薯上繁殖的孢囊线虫。

在EPPO地区已经检测到马铃薯金线虫和白线虫，而EPPO地区是重要的马铃薯产区。2010年起，欧盟开始开展关于商品马铃薯种植地的官方调查，以确定马铃薯孢囊线虫的分布。这些调查数据以及关于种用马铃薯生产地的官方调查结果表明，大片区域仍然没有出现一种或两种马铃薯孢囊线虫，但除此之外的区域则广泛分布。但是，因为采样程序的限制，除非辅以额外的植物检疫手段，否则这些调查数据可能不适合用于根据ISPM 4《无有害生物区域的建立要求》建立的无有害生物区域。

马铃薯孢囊线虫引起的症状不明显。但当种群密度高时，会呈现出明显的一般性症状，例如田间可见作物生长不良，且植株有时会出现叶片黄化、枯萎或死亡，从而导致单株块茎数量减少和尺寸变小。有时，地上植株部分的症状比较轻，但也会出现单株块茎数量减少和尺寸变小的现象。低水平侵染通常不会导致马铃薯作物的不均衡生长。孢囊和雌虫只会短期内明显出现于根部，因此需要进行土壤采样并进一步检测，仅取植株根部检测并不可靠。对于特定区域，根据系统的采样方式，如果增加核心（core）区域数量以及检测用土壤量，那么检出概率也会增加。

对于线虫的移动性，植物寄生线虫幼虫在土壤中移动的最大水平距离仅1m。大多数情况下，线虫是随着土壤和马铃薯种薯迁移到新的地方。马铃薯孢囊线虫由被侵染土地扩散到其他区域，最主要的扩散途径为马铃薯种植土壤、种植用植物、其他块根农作物或农用机械的调运或运输。线虫从寄主植物轮作期短（3年内不止1次）的农场、高度机械化的地方、多农场运营的承包商（例如，甜菜与马铃薯农场之间）扩散的风险特别高。块茎分级、包装和加工产生的废物（土壤、废水、植物材料）也会在很大程度上促使这些线虫的扩散。

马铃薯孢囊线虫极难消灭，而且记录在案的成功消灭案例仅有澳大利亚西部一项为期24年的消灭计划15hm²中的一片小地方（https://www.ippc.int/en/countries/australia/pestreports/2010/09/eradication-of-potato-cyst-nematode-pcn-from-western-australia/）。因此，需要谨慎评估任何新爆发线虫的根除前景。发现马铃薯孢囊线虫时，应采取措施封锁和控制。解决主要扩散途径（见上文）问题的卫生措施，是控制有害生物的关键要素。因此，开展宣传活动，以及提高控制措施和方法的透明度，是控制马铃薯孢囊线虫不可或缺的一部分。

严格管控被侵染田地的种植材料和相关措施，可以在长期抑制马铃薯孢囊线虫种群和避免作物损失方面取得成效（例如挪威的经验，Wesemael et al.，2014；Holgado et al.，2015）。

马铃薯孢囊线虫的一些致病型（例如Ro1-Ro5、Pa1-Pa3）已有记录（Canto Saenz & de Scurrah，1977；Kort et al.，1977），有必要预防新种群从外界入侵到EPPO地区，特别是来源于南美的种群（马铃薯和马铃薯孢囊线虫的起源地），那些基因可能会带来新的遗传多样性（Hockland et al.，2012年）。EPPO标准PM 8/1《马铃薯商品专用检疫措施》中规定的马铃薯孢囊线虫限制要求，旨在形成EPPO国家进口植物和植物产品的植物检疫法规的一部分。在马铃薯孢囊线虫长期存在的地区，连续种植抗病马铃薯品种也会使更多毒性种群被选择。

体系纲要

建议所有EPPO国家建立一个国家监管体系来监测、封锁、抑制或消灭马铃薯白线虫和马铃薯金线虫。

本标准为建立国家监管体系提供了依据，并记述了以下内容：

• 监测计划的要素应包括检测新的侵染，或一种新的毒性种群，或划定被侵染地区；

• 有害生物已发生并被认为不能将其根除的地方采取封锁措施，以防止在国家内扩散或扩散到相邻国家；

• 用于抑制线虫种群的控制措施；

• 措施用以根除在马铃薯孢囊线虫局部分布的国家或地区中意外发现的，或者新近被检测出的毒性种群或非欧洲种群（包括新入侵的）。

监管体系

马铃薯白线虫和金线虫监管体系有6个目标：

• 提高关于有害生物的认识；

• 防止有害生物的传入；

• 确定这些有害生物是否在国内有发生，如果有，应找出分布地点，并测定分布范围；

• 防止这些有害生物的扩散；

• 监管（封锁、遏制）这些有害生物；

• 根除入侵。

1 提高认识

在农民、多用途农用机械的承包商或合作使用者，涉及土壤运输（例如道路施工）的承包商，马铃薯供应链各环节涉及的顾问、检查员中，提高他们对有关有害生物的认识非常重要，因为这会促进卫生措施和安全废物处理良好规范的推广。意识的树立也能促进早期检测（和报告）。

宣传活动应强调的一点是，有害生物的大量侵染可能不表现出症状，但是种群密度低时也可能会造成损失。因为这些原因，在早期的宣传活动中，这些有害生物被描述为"看不见的敌人"。宣传活动还应强调使用经认定无有害生物的种用马铃薯，采取严格卫生措施的必要性（如机械的清洁），对经处理的土壤残渣的安全处置（如来自马铃薯加工设施）以及解释在没有马铃薯孢囊线虫历史信息的田地进行种植和采样所带来的风险。

利益相关者应该通过农业杂志期刊（相关马铃薯产业）、传单、互联网、社交媒体、海报以及种植者、马铃薯贸易商和加工商研讨会等途径获取相关信息。生产商和土地拥有者应了解其生产地的有害生物状况。

2 防止传入

因为马铃薯孢囊线虫对马铃薯生产有重大影响，而且很难根除、封锁和防控，所以应采取严格的措施来避免其传入。

在已知的各种传入和扩散的途径中，土壤起了重大作用。

有4种途径被认为与马铃薯白线虫或金线虫传入新地区最为相关:

- 带土壤或没带土壤的,用于种植的寄主植物(包括马铃薯块茎)(高风险),这种途径包括繁殖材料,经EPPO标准PM 4/28《种用马铃薯认证计划》认证的微植物或迷你块茎除外。附件3附录1列出了可能造成传入和扩散的寄主植物名单。
- 带土栽培或栽培基质的用于种植的非寄主植物(中等风险),这种途径包括各种繁殖材料,在受控条件下无土栽培的或无线虫基质栽培的植物除外,附件3附录2列出了一些因经常与马铃薯轮作而有可能导致孢囊线虫传入或扩散的非寄主植物;
- 附着在块茎、球茎或其他用于消费或加工的植物器官上的土壤;
- 附着在如机械、设备、车辆或海运集装箱上的土壤。

EPPO地区外出现的马铃薯孢囊线虫(特别是南美洲)对EPPO成员国的马铃薯生产造成严重威胁。南美马铃薯孢囊线虫的毒性种群在EPPO地区没有抗病马铃薯栽培品种(Hockland et al., 2012)。目前,南美马铃薯孢囊线虫种群的毒性问题在马铃薯培育计划中还没有解决。应禁止这类马铃薯孢囊线虫种群传入EPPO地区。种植用植物只有在保证生产方式(例如组织培养)没有任何马铃薯孢囊线虫传入风险的情况下才能进口。以下方案可用于防止马铃薯白线虫和马铃薯金线虫传入:

- 禁止从EPPO地区外,特别是南美洲,进口土壤;
- 限制EPPO地区内土壤的调运;
- 禁止从EPPO地区外进口种植用寄主植物(包括种用马铃薯);
- 禁止从EPPO地区外进口商品马铃薯;
- 要求来自EPPO地区外(尤其是来自南美洲)带根的非寄主植物在马铃薯孢囊线虫的非疫产地种植;
- 在EPPO地区内经官方检测的土地上生产种用马铃薯和种植用植物;
- 要求商品马铃薯货物无马铃薯孢囊线虫;
- 对使用过的,可能与被侵染土壤接触过的机械、车辆和集装箱,在运输前进行清洁;
- 对附着在种植用非寄主植物(包括球茎、块茎、根茎)上的土壤实行进口控制;
- 采取措施降低进口原料(包括废物)进入马铃薯生产体系的风险。

也可以采取附件3 5"防止马铃薯白线虫和金线虫扩散"中规定的同类措施。

由于商品马铃薯不用于种植,且商品马铃薯没有通过运输、处理、加工(包括土壤和废物管理)与马铃薯生产体系产生联系,那么商品马铃薯携带马铃薯孢囊线虫的风险低于种用马铃薯的风险。EPPO PM 8/1标准《马铃薯商品专用检疫措施》规定,商品马铃薯必须带有植物检疫证书。在被记录为"被侵染"的土地上生产商品马铃薯应符合官方监管计划的要求。

为降低商品马铃薯(供食用的新鲜马铃薯或加工用马铃薯)国际贸易中马铃薯白线虫和马铃薯金线虫扩散的风险,出口前(以及应进口国要求)应立即根据EPPO标准PM 3/75《马铃薯金线虫和马铃薯白线虫:出口前及进口时对商品马铃薯块茎所附土壤进行采样》对马铃薯批次采样。另外,进口国如果认为仍有植物检疫风险,则应根据EPPO标准PM 3/75对马铃薯批次进行采样,但如果进口马铃薯经过合适土壤和废物处理程序的马铃薯处理设施处理,就没必要批次进行采样(见EPPO标准PM 3/XX《关于土壤植物检疫风险的管理》,该标准还在制订中)。

对于马铃薯、带根或附着有土壤的种植用寄主植物,目前暂无有效的清除措施(通过马铃薯加工进行净化的措施除外）。对附件3附录2中所列出受污染的非寄主植物球茎、块茎和根茎，如果确认存在有效的清除方法，可以通过冲刷或去除土壤来清除。清除后，为了提高植物检疫安全性，非寄主植物材料可以在非农业用或非商业植物材料生产土地（例如公园和花园）上种植。但这不适用于来自非欧洲孢囊线虫种群或高毒性孢囊线虫种群地区的植物材料。

因为有害生物的传入与症状的出现之间存在时间差，而且线虫种群密度低时，检测非常难，所以通常不太可能尽早发现并根除，也不太可能追溯到初始传入地，例如从被侵染区域收到的种用马铃薯。只有在被侵染的土壤中大量传入马铃薯白线虫或金线虫，才有可能快速检测出线虫，但即便如此，也要在有害生物传入若干年后才能被检测出。

鉴于一系列因素，比如作物轮作、寄主作物抗性、传入种群的基因构成和规模，据估算一般至少需要3代寄主作物才能让线虫种群达到可以用附件3附录3中规定的土壤取样法检测出的程度，但可能需要更多代寄主作物。马铃薯孢囊线虫通常不造成作物出现具体症状，因而使得早期检测更为复杂。因此，田地可能在不知不觉的情况下就被侵染，马铃薯孢囊线虫可能扩散到其他大田或产地。例如风、水流或洪水等因素也会造成线虫扩散，而且很难控制。

专门生产点或大田的详细记录有助于应对线虫爆发的情况。这应包括土壤取样和大田检测的官方结果、收货文件证据、植物材料类型、需清除土壤的来源和处理、产地机械（特别是承包商的机械）的使用。但是，将马铃薯孢囊线虫爆发追溯至引入源头的概率很低。当被侵染的植物（包括块茎）存在对其他国家的传入风险时，负责发现风险的国家植物保护组织（NPPO）应将此信息立即通知给可能传入国的国家植物保护组织，以便该国采取合适的应对措施。对于出口马铃薯批次，至少应包含以下信息：

- 马铃薯批次的品种名称；
- 类型（商品、种子等），以及马铃薯的留种类型（适当情况下）；
- 货主和承运人的名称和地址；
- 马铃薯批次交付日期；
- 马铃薯批次交付规模。

如果知道出口马铃薯批次的产地，则在出口前对田间土壤采样并对样品进行检测，这与仅检测附着在马铃薯批次上的土壤相比，该途径获得的是否携带马铃薯孢囊线虫检测结果要更加准确。

如果确认线虫爆发与从其他国家收到的材料有关，那么根据ISPM 13《违规和紧急行动通知准则》要求，相关标本或材料和文件之类的证据将至少保存一年。

上述措施将降低传入的速度，但是不能完全防止线虫的传入和扩散。

3 监测马铃薯孢囊线虫侵染状况并确定其发生分布

一旦发现马铃薯白线虫和马铃薯金线虫，应向主管当局报告，除附件3 6 6.3"全区域封锁策略"中所描述的划定区域外。即使马铃薯孢囊线虫在某个区域广泛分布，要求该区域报告马铃薯孢囊线虫也有助于应对高毒性线虫种群爆发的情况。国家植物保护组织应确保，就算某个地区没有要求向主管当局报告有害生物，高毒性有害生物种群的爆发也会被报告给国家植物保护组织。在所有情况下，新的或不常见毒性有害生物种群的发生或疑似发生应报告给国家植物保护组织。根据马铃薯孢囊线虫病的症状，或者马铃薯孢囊线虫在之前的马铃薯抗性品种上种群数量的上升，或来自生物测定结果（或者来自基因分析），这类种群是容易检测出。

除非有专门许可，应禁止持有和处理马铃薯白线虫和马铃薯金线虫（见EPPO标准PM 3/64《植物有害生物或可能的植物有害生物的国际进口》）。

需要开展监测调查（根据ISPM6《监测准则》）以确定有害生物状况以及决定在区域内采用的控制策略。可通过调查来确定某个区域或生产体系内是否存在有害生物。

即使只加工当地产的马铃薯，也应对包装和加工设施的废弃土壤开展调查。

3.1 通过调查种用马铃薯和其他种植用植物来检测侵染状况（附件3附录3 1"马铃薯种薯和其他种植用植物调查的采样率"）

采样应在种用马铃薯或种植用植物的生产田地内根据以下要求进行：

- 所有对附件3附录1中所列种用马铃薯或种植用植物的生产田地的采样，应根据附件3附录3 1"马铃薯种薯和其他种植用植物调查的采样率"中规定的标准采样率进行；
- 土壤采样应由国家植物保护组织或者成员国官方授权的机构完成；
- 采样应在作物种植前完成；
- 只有提供额外信息，有记载文件表明至少6年不存在寄主植物，才能使用附件3附录3 1（b）中规定的减标采样率，如果使用减标采样率，则应在结果报告表或任何其他形式文件上注明，以体现透明性，如果已知马铃薯孢囊线虫出现在某个区域，则不能使用减标采样率；
- 样品应根据EPPO诊断标准PM 7/119（关于线虫提取）和PM 7/40（关于马铃薯孢囊线虫的诊断）由官方实验室处理；
- 上述结果和其他信息应予以正式记录和使用，以通知利益相关者。

3.2 通过调查商品马铃薯来检测某区域孢囊线虫侵染状况

采样应在商品用马铃薯生产田地内根据以下要求进行：

- 土壤采样应由国家植物保护组织或者成员国官方授权的机构进行；
- 采样应在马铃薯生长或（最好是）马铃薯作物收获后的田地进行；
- 土壤采样应根据附件3附录3 2"商品马铃薯调查的采样率"进行；
- 样品应根据EPPO诊断标准PM 7/119（关于线虫提取）和PM 7/40（关于马铃薯孢囊线虫的诊断）由官方实验室处理。

3.3 马铃薯孢囊线虫入侵或爆发后的发生范围调查（附件3附录3 3"定界调查的采样率"）

应根据以下要求为定界调查进行采样：

- 之前用于生产马铃薯的、临近马铃薯孢囊线虫入侵地区或爆发地区或存在交叉污染风险（例如通过无性繁殖产生联系或共享机械）的田地，应进行采样；
- 土壤采样应该由国家植物保护组织或者成员国官方授权的机构进行；
- 采样时，在种植了易受侵染的马铃薯栽培品种后检出的概率要高；

- 土壤采样应根据附件3附录3 3"定界调查的采样率"进行；
- 应根据定界调查的具体目的考虑更密集的采样；
- 样品应根据EPPO诊断标准PM 7/119（关于线虫提取）和PM 7/40（关于马铃薯孢囊线虫的诊断）由官方实验室处理。

值得注意的是，检测出马铃薯孢囊线虫的概率可能会比较低，这取决于田间线虫类的分布和种群密度（Been et al., 2000）。

一个国家的NPPO应决定采用控制策略（附件3附录3 5"防止马铃薯白线虫和马铃薯金线虫扩散"、6"控制"）或者根除策略（附件3 5"防止马铃薯白线虫和马铃薯金线虫扩散"、7"入侵的根除"）作为控制该地区马铃薯孢囊线虫最合适的方式。所做决定应考虑具体地区范围内孢囊线虫种类和致病型的分布以及马铃薯的生产体系，包括是否为种植马铃薯种薯。如果马铃薯孢囊线虫爆发已经根除，所做决定还应考虑再次传入马铃薯孢囊线虫的持续风险，如果有害生物已经长期存在，所做决策还应考虑植物检疫措施和无限期控制马铃薯孢囊线虫两者的成本。

4 马铃薯孢囊线虫的鉴定

马铃薯孢囊线虫在一个国家或地区可能发生或没有发生。一个地区没有发生或不确定被侵染，部分原因是在低种群密度密度下，检测出孢囊线虫较难。另外，可能存在两种情况，一种是某个地方出现单个线虫种类或单种致病型（毒性类型），另一种是出现两种孢囊线虫或若干种致病型。第二种情况最为严重，因为在这种情况下，可能会传入新的毒性种群，而马铃薯孢囊线虫种群可能已经长期存在，不能根除，任何新的马铃薯孢囊线虫的传入都会给马铃薯生产带来风险。某地区传入本不存在的新线虫种类或毒性类型被认为是马铃薯孢囊线虫的入侵。某个地方出现新的毒性类型也被认为是马铃薯孢囊线虫的入侵。

一旦检测出马铃薯孢囊线虫的入侵或者爆发，应对该种群的相关风险进行评估，而首先要求对其进行鉴定。

可能出现不同情况，但都应遵循相同的行动程序。

如果某个国家或某地区首次发现马铃薯孢囊线虫，应在首次发现地的邻近区域以及所有发现地的土壤样品对应的田地展开具体调查。具体调查应重点在首次发现地的邻近田地、已与其共享机械的田地或被污染土壤已经沉积的田地上展开。

如果在监测中检测出某个未知线虫或致病型，NPPO应禁止所有被污染或可能被污染的材料和土壤的调运。应采取适当的额外防护措施，例如禁止所有种植用植物从产地调运出去，并限制工作人员和农场机械的出入和运输。

在已经存在一种或两种马铃薯孢囊线虫种类的地区，如果出现一种新的致病型，那么这种入侵可能无法在常规监测中被检测出，因为如果种植后检测线虫类种群的话，可能只能检测出不常见致病型种群。马铃薯孢囊种群在抗病马铃薯栽培品种上出现，可能是因为新的毒性类型（致病型）的入侵，或者是因为毒性选择。

马铃薯孢囊线虫毒性选择已经在实验条件下显现出来（Turner et al., 1983），并疑似在欧洲田间已经出现（Niere et al., 2004）。抗病马铃薯栽培品种的反复栽培，加上短轮作期，在线虫种群显现出这类特征的情况下，则可能会选择毒性。诸如对自播马铃薯的控制不够等其他因素也会增加选择压力。在这种情况下，会发现抗性马铃薯品种的易感性增加。如果在某田地间疑似有这种情况，应根据附件3附录3 1（a）对该田地进行验证性采样以及根据EPPO诊断标准PM 7/119和PM 7/40进行检测。在检测结果出来前，禁止可疑材料的调运。如果初始怀疑没有得到确认，则应解除限制。在马铃薯孢囊线虫入侵或爆发后，应开展向前追踪和向后追溯活动，因为马铃薯白线虫和马铃薯金线虫传入与首次检测之间有一段很长的时间间隔，向后追溯会存在困难。在这种情况下，向后追溯最开始的重点可能是土壤处理或在已知被侵染田地上使用过的机械。这对预防马铃薯孢囊线虫从已被侵染田地进一步扩散非常重要。

马铃薯孢囊线虫的存在应根据附件3附录4"马铃薯孢囊线虫发生的检测"和图1中描述总结的方法来检测。

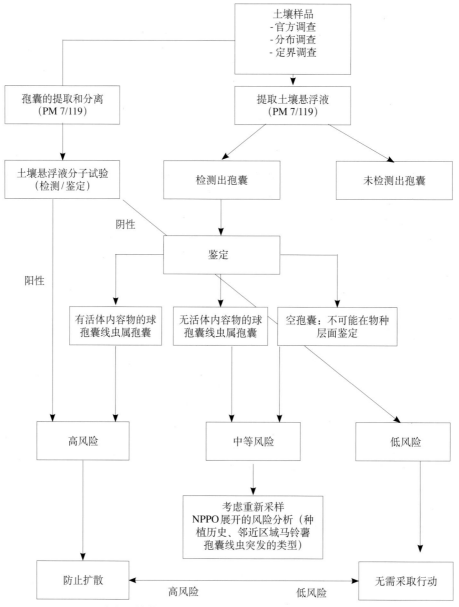

图1　用于确定马铃薯孢囊线虫的发生以及风险水平的不同步骤的流程图
（另见附件3附录4″马铃薯孢囊线虫发生的检测″）

溯源追踪活动应针对所有有接收过来自被侵染田地的土壤或可能被污染的材料。这类土壤可能与种植用植物（特别是马铃薯种薯）或机械相关，还有可能已经沉积，例如来自加工设施的废弃土壤。

应展开调查来评估不常见毒性种群的出现是由哪些原因导致的。①因传入毒性群体而导致的马铃薯孢囊线虫入侵，这可能是单一事件或是有关联的事件；②毒性群体选择导致的马铃薯孢囊线虫爆发，可能是田间选择压力高而导致多重选择事件所产生的结果。根据不同的调查结果，可采取相应的措施。

附件3附录4 4"致病型的检测"描述了鉴定马铃薯孢囊线虫的入侵或突发性质所需的行动。

在马铃薯孢囊线虫入侵的情况下，应采取根除策略（附件3 7"入侵的根除"）。在因毒性种群选择而突发马铃薯孢囊线虫的情况下，国家植物保护组织可决定采用封锁（附件3 6"控制"）或根除策略（附件3 7"入侵的根除"）。

5 防止马铃薯白线虫和马铃薯金线虫扩散

如附件3 2"防止传入"中所规定，种植用植物（包括马铃薯种薯）和土壤是这些有害生物传入和远距离扩散的主要途径。短距离扩散的主要实现途径有被侵染田地所用机械上附着的土壤、来源于加工设施的土壤、因施工导致土壤的调运、风或水流带走的土壤。

5.1 马铃薯种薯的生产

不得在已知被马铃薯白线虫和马铃薯金线虫侵染的土地上种植马铃薯种薯。

所有用于在EPPO地区销售的马铃薯种薯，应在EPPO标准PM 4/28《马铃薯种薯认证计划》推荐的以及经过检测确定的无马铃薯白线虫和马铃薯金线虫田地中生产。另外，出口国应实施EPPO标准PM 3/61《针对马铃薯检疫性有害生物的非疫区和非疫生产体系》中的要求。

农场保存的马铃薯种薯（定义见PM 8/1）只能在经官方检测未发现马铃薯孢囊线虫的土地上生产。但农场保存的马铃薯种薯只限于在同一产地使用，因为农场保存的种薯可能在未经官方调查的情况下生产。官方负责机构应划定允许生产和种植农场所保存马铃薯种薯的区域。

对被侵染田地或可能被侵染田地的界定取决于NPPO使用的马铃薯和种植用植物生产用土地的定义。在理想情况下，鉴于植物检疫原因，一块田地应均匀耕作，由天然边界（例如水路）或者人造边界（例如道路和小路）来定界。在这种情况下，不需要再对田地定界。但是，对于大块田地（>20hm²），如果用于生产马铃薯种薯或其他农作物，则有必要对采样和检测进行分区。在这种情况下，田地的界定应适用于采样单位，田地周围要有至少15m的缓冲区域。如果田地边沿有天然边界，则不需要缓冲区域。

在没有边界的田地里，需要采取额外的防护措施来确保没有马铃薯孢囊线虫通过农场机械扩散到邻近田地的风险。

5.2 种植用植物的生产

种植用植物可成为马铃薯孢囊线虫扩散的途径，其风险高低取决于植物的生产体系。

国家植物保护组织应考虑这些植物在马铃薯生产体系中作为马铃薯孢囊线虫传播途径的潜在风险。

与马铃薯轮作的种植用植物（例如鳞茎花卉、葱属植物、草莓），应假设其风险更高，也应只在经过官方检测无马铃薯白线虫和马铃薯金线虫的（附件3 3监测马铃薯孢囊线虫侵染状况并确定其发生分布）或经过净化的田地上种植，这样才没有使有害生物扩散的风险（附件3附录4）。应考虑的种植用植物例子在附件3附录2中存在马铃薯金线虫和白线虫中等传入和扩散风险的种植用非寄主列表列出。

关于田地的定界，应使用附件3 5.1"马铃薯种薯的生产"中所述的原则。

附件3附录2中未列出的其他种植植物，例如树或者灌木，特别是针对最终消费者的那些种类（例如用于小路、公园或花园的种类），被认为是低风险传播途径。针对这类植物的措施可能仅在特定条件下得以验证（例如幼树苗圃频繁轮作），或植物移栽到马铃薯孢囊线虫非疫区或者马铃薯孢囊线虫限制分布区域。

5.3　土壤和废物的处理或安全处置

应限制土壤和废物从马铃薯处理设施转移到农田中，除非经处理后已经没有扩散马铃薯孢囊线虫的风险。来自马铃薯加工设施（马铃薯与其他作物轮作的地区、甜菜和蔬菜设施）的土壤应予以处理，处理应使土壤没有可鉴别的马铃薯孢囊线虫扩散风险。应特别关注来自其他区域的马铃薯的加工设施和包装设施。对这些设施来说，马铃薯的加工和包装过程中废物材料的处理方式应该对孢囊进行强制灭活。废弃土壤的处理细节以及马铃薯加工设施的要求可见有关土壤植物检疫风险管理的EPPO标准PM 3/XX(正在制定中)。

5.4　机械设备的清洁

机械不应在土壤水分条件不适宜的田地上使用，以避免从田地上不必要地带走多余的土壤。应执行严格的农场卫生措施。

土壤从一片田地扩散到另一片田地的风险，因机械类型和土壤类型而异。对田地上所用机械不同类型的评估应由NPPO开展，而且评估不仅仅限于马铃薯生产期间。

所有机械设备应在离开被侵染田地时进行清洁，至少要冲刷或者水洗。清洁应使用经官方批准的合适方法。机械、设备、鞋子等应在最近的清洁区域进行清洁，清洁区域应配备合适的废物和废水处理设施，最好是使用高压水或者蒸汽来除去所有残渣和土壤颗粒，相关细节另见关于土壤植物检疫风险管理的EPPO标准PM 3/XX（正在制定中）。

5.5　降低风和水流的传播

风会导致马铃薯孢囊线虫的扩散。树篱和其他天然或人造屏障可用作防风墙以降低风蚀的风险，另外在土壤可能以其他方式暴露时，遮盖作物也可以降低风蚀风险。

容易遭洪水袭击的斜坡和土地遭遇水蚀的风险高，因而不能用于生产马铃薯。

6　控制

在检测到马铃薯孢囊线虫的情况下，包括新致病型的突发，监测应显示有害生物或致病型是否有限分布以及根除措施是否可行（附件3 7"入侵的根除"）。如果根除措施在特定区域或生产体系不可行，那么国家应采取封锁措施来封锁和抑制线虫种群。当有害生物在一个区域广泛分布时，NPPO可决定在没有马铃薯孢囊线虫扩散到其他区域的风险的情况下实施全区域控制策略（附件3 6.3"全区域封锁策略"）。这在图2的流程图中进行了总结。

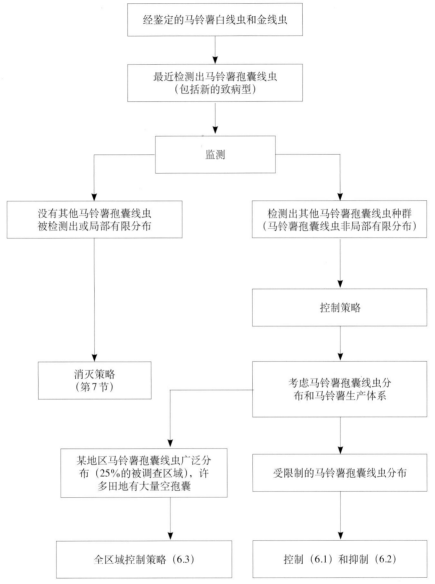

图2 根据马铃薯孢囊线虫分布所采取不同控制策略的流程图

6.1 封锁

马铃薯孢囊线虫封锁措施应在以下的划定区域内应用：

- 所采样品呈阳性的被侵染田地；
- 与被侵染田地直接相邻的地区至少有宽度为15m的缓冲区域，除非NPPO已经确定无马铃薯孢囊线虫扩散的风险（例如，因为天然或人造屏障）；

• 所有与被侵染区域相联系的可能被侵染田地。

如果通过检测确认了马铃薯白线虫和金线虫的发生，那么应在划定区域内应用以下控制措施：

• 不应生产马铃薯种薯

• 植物被认定为受到污染，其他带土植物应在具有合适废物处理功能的处理设施中进行处理。

• 与被侵染或可能被侵染的土壤，被污染或可能被污染的植物接触过的设备和其他物体（机械、包装材料、运输装置、车辆等）应进行清洁，以防止马铃薯白线虫和马铃薯金线虫扩散；

• 如果因加工需要而运输植物材料，则应备有清洁系统为所有机械、运输装置和车辆进行清洁；

• 来自被污染地块的废物（主要是块茎、根和土壤）应以无马铃薯白线虫和马铃薯金线虫扩散风险的方式进行混合、处理或处置。

应实施附件 3 5 "防止马铃薯金线虫和白线虫扩散" 中规定的措施。

6.2 抑制策略

抑制策略旨在在种植下一季马铃薯前，在被侵染田地中抑制马铃薯白线虫和马铃薯金线虫种群。作物轮作和抗病品种可有效减少线虫种群。为了达到抑制的目的，选择合适的抗病马铃薯栽培品种很重要。这要求至少进行马铃薯孢囊线虫种类检测，但如果马铃薯品种对不同致病型具有不同的抗性，那么也有必要进行致病型检测。尽管致病型检测是选择抗性马铃薯品种的有用手段，但现有病理分型方案仍不能完全描述马铃薯孢囊线虫的毒性。一些致病型或毒性群体相比其他更难以控制。目前，马铃薯金线虫的致病型Ro1在商品马铃薯系统中很容易用抗性马铃薯品种进行控制，因为有大量的抗病品种可以使用。但是，属于马铃薯白线虫毒性群体Pa2/3的种群较难控制，因为缺少适合特定生产系统的抗病品种。因此有充分理由对控制不同致病型或毒性群体使用不同的控制手段。

马铃薯孢囊线虫的抑制应适用于所采样品呈阳性的被侵染田地。如果NPPO认为有必要，则可以加上缓冲区域。

如果在某田地上检测出的线虫群体被鉴定为物种级，那么种植在该田地上的马铃薯栽培品种应能对以下致病型有抗性，具体取决于区域：

• 马铃薯白线虫（仅不列颠群岛），Pa2/3；

• 马铃薯金线虫：Ro1、Ro2/3、Ro5（仅欧洲大陆）。

如果已知某被侵染田地上有某种群的致病型，那么可通过种植对该致病型具有抗性的马铃薯栽培品种来实现对线虫种群的抑制（附件3附录6）。在所有情况下，官方控制方案应优先选择具有最高抗性的品种（根据EPPO标准PM 3/68《用于评估对马铃薯金线虫和白线虫具有抗性的马铃薯品种检测》[1]）。应通过避免短轮作期（最短轮作1：3）和有效控制自播马铃薯来降低选择马铃薯孢囊线虫新毒性致病型的风险（见关于自播马铃薯管理的EPPO标准PM 3/XX，该标准正在制定中）。

至少在被侵染田地可采取的官方抑制措施包括：

---

1 PM3/68将更新，为评估致病型Ro2/3提供指南。

- 最少6年不栽培马铃薯或寄主植物，有效控制自播马铃薯和茄科杂草；
- 栽培抗病马铃薯栽培品种，同时结合最短3年的轮作，有效控制自播马铃薯和茄科杂草；
- 使用杀线虫剂或土壤熏蒸剂，如果可以，结合至少3年的轮作，有效控制自播马铃薯和茄科杂草；
- 使用抗病寄主植物（例如蒜芥茄）进行诱捕种植（Trap Cropping），同时结合至少3年的轮作，有效控制自播马铃薯和茄科杂草；
- 可控的土壤浸淹（Runia et al.，2014；关于土壤植物检疫风险管理的EPPO标准PM 3/XX（该标准正在制定中）。

土壤曝晒可被视为一种抑制措施（例如Greco et al.，2000），在有些国家可能有效，但需要进一步评估。

缓冲区域也应采取抑制措施，除非经检测发现没有马铃薯孢囊线虫发生。

如果使用了上述措施，3年后根据附件3附录4测定了孢囊含量，那么6年后应对抑制情况进行检查。由于孢囊数不会急剧减少，因此种群密度应根据孢囊内卵和幼虫的数目来测定。可通过肉眼观察或者EPPO标准PM 7/40中描述的其他合适技术来完成。孢囊含量应通过足够多数量的孢囊来测定，但至少要根据附件3附录3中规定的标准采样率采得的所有孢囊来测定。结果应根据表1进行解读。

6.3 全区域封锁策略

如果马铃薯白线虫和马铃薯金线虫在一个区域广泛分布，成员国官方负责机构已经确定不再可能根除，而且假设没有将有害生物扩散到其他区域的风险，那么该国应在以下条件下为该区域定界以封锁特定物种：

- 该地区应依据定界调查来定界，产地应整个位于该地区；
- 在露天田间种植马铃薯种薯和种植用植物，可在仅用于界内地区或在低风险情况下（例如在非农业土地上）的官方体系下生产；
- 这类种植用植物（包括马铃薯种薯）如果在经批准的非疫产地生产，则可允许其从该区域调运出去（见EPPO标准PM 3/61《针对马铃薯检疫性有害生物的非疫区和非疫生产分布体系》和ISPM 10《关于建立非疫区和非疫产地的要求》）。
- 所有来源于露天田地的植物产品应在划定地区进行加工；
- 在运输、包装和废物处理条件受控，无有害生物扩散风险的情况下，允许用于加工和最终消费的植物产品的调运；
- 应禁止该地区外土壤或废物的调运，除非土壤或废物经处理后没有有害生物扩散的风险；
- 应禁止在控制地区内将使用的多农场共用机械和车辆转移到划定地区外；
- 应设立一个经官方批准的咨询系统，系统应建立在自愿土壤采样的基础上，用于管理和降低马铃薯孢囊线虫密度，例如通过延长轮作期和控制自播马铃薯，咨询系统应由划定地区内所有马铃薯和植物种植者使用；
- 划定的区域应足够大，可以在不需要外来经营输入（例如专业化机械）的情况下运营。

如果应用此体系，则马铃薯孢囊线虫的发现不一定有官方记录，但NPPO应能获得相关数据来评价此体系。如果新的致病型或毒性群体（而不是划定该区域所针对的致病型或毒性群体）被发现，则应报告给NPPO，并采取根除措施。

7 入侵的根除

如果一个国家或地区内的实际分布显示极为有限，或者发现结果指向已知来源，那么国家应以根除为目标。如果某种群的不常见毒性致病型被检测到，疑似最近传入某地区，进一步传入的风险降低，那么该地区应以根除为目标。

关于分布的信息应使用具体调查的方式来收集。

由于检测低密度马铃薯白线虫和马铃薯金线虫的限制，根除需要严格的控制和封锁措施，以及长期的严格监测（至少12年）。

马铃薯白线虫和马铃薯金线虫根除计划建立在管制区域官方划定的基础上，防止有害生物的扩散以及根除马铃薯白线虫和马铃薯金线虫。

马铃薯根除应应用于管制区域，包括：

- 所采样品呈阳性的被侵染田地；
- 紧邻被感染区域而且宽度至少为30m的缓冲区域，除非NPPO已经确定因存在天然或人工屏障之类的原因而无扩散马铃薯孢囊线虫的风险；
- 所有可能被侵染的田地（测定详情见附件3附录4）。

在限制地区应采用以下措施：

- 至少12年不得种植或存在马铃薯（包括自播马铃薯）和寄主植物；
- 所有自播马铃薯和茄科杂草应被有效控制［见关于自播马铃薯管理的EPPO标准PM 3/XX（该标准正在制定中）］；
- 若条件允许应恰当实施土壤处理，例如使用土壤熏蒸剂和重复使用杀线虫剂，包括诱捕作物、土壤浸淹和生物土壤消毒的使用［见关于土壤植物检疫风险管理的EPPO标准PM 3/XX（该标准正在制定中）］；
- 被侵染田地应被定期检测以监测根除措施的结果；
- 在至少12年期限结束时，在采取解除措施前，应根据附件3附录3中的采样率对所有被侵染田地进行检测。

应采取附件3 6.1"封锁"所描述的封锁措施，但带根植物不得在划定区域内种植。

美国爱达荷州马铃薯白线虫的突发，表明在紧邻突发地设立宽阔的控制区域的必要性。虽然在已知被侵染田地中得到了有效控制，但在最初检测表现无马铃薯孢囊线虫的区域，若马铃薯孢囊线虫种群数量在可检测水平下，未来也是有可能增长的（USDA，2018）。

致 谢

初始草案由B. Niere（JKI，DE）编制，后经EPPO马铃薯植物检疫措施专家组审议和修订。

参考文献

Anses, 2016. Utilisation de varietes resistantes de pommes de terre dans des champs contamines par des nematodes a kyste (*Globodera* spp.). https://www.anses.fr/fr/system/files/SANTVEG2015SA0242Ra.pdf.

Been TH, Schomaker CH, 2000. Develoμment and evaluation of sampling methods for fields with infestation foci of potato cyst nematode (*Globodera rostochiensis* and *G. pallida*). Phytopathology 90, 647-656.

Canto Saenz M, de Scurrah MM, 1977. Races of the potato cyst nematode in the Andean region and a new system of classification. Nematologica 23, 340-349.

EFSA, 2012. Scientific opinion on the risks to plant health posed by European versus non-European populations of the potato cyst nematodes *Globodera pallida* and *Globodera rostochiensis*. EFSA Journal 10, 2644. [71 pp.]

EPPO Standard PM 3/61 Pest free areas and pest-free production systems for quarantine pests of potato

EPPO Standard PM 3/64 Intentional import of organisms that are plant pests or potential plant pests

EPPO Standard PM 3/68 Testing of potato varieties to assess resistance to *Globodera rostochiensis* and *Globodera pallida*.

EPPO Standard PM 3/75 *Globodera rostochiensis* and *G. pallida*: sampling soil attached to ware potato tubers for detection prior to export and at import.

EPPO Standard PM 4/28 Certification scheme for seed potatoes.

EPPO Standard PM 7/119 Nematode extraction.

EPPO Standard PM 7/40(4) *Globodera rostochiensis* and *Globodera pallida*.

EPPO Standard PM 8/1 Commodity-specific phytosanitary measures: Potato.

FAO, 1995. ISPM 4 Requirements for the establishment of pest free areas. Available at https://www.ippc.int/en/publications/614/.

FAO, 1999. ISPM 10 Requirements for the establishment of pest free places of production and pest free production sites Available at https://www.ippc.int/en/publications/610.

FAO, 2001. ISPM 13 Guidelines for the notification of non-compliance and emergency action. Available at https://www.ippc.int/en/ publications/608.

FAO, 2018. ISPM 5 Glossary of phytosanitary terms. Available at https://www.ippc.int/en/publications/622/.

FAO (adopted in 1997, revised in 2018) ISPM 6 surveillance. Available at https://www.ippc.int/en/publications/615/.

Greco N, Brandonisio A, Dangelico A, 2000. Control of the potato cyst nematode, *Globodera rostochiensis*, with soil solarization and nematicides. Nematology Mediterranean 28, 93-99.

Handoo ZA, Carta LK, Skantar MA, et al., 2012. Description of *Globodera ellingtonae* n.sp. (Nematoda: Heteroderidae) from Oregon. Journal of Nematology 44, 40-57.

Hockland S, Niere B, Grenier E, et al., 2012. An evaluation of the implications of virulence in non-European populations of *Globodera pallida* and *G. rostochiensis* for potato cultivation in Europe. Nematology 14, 1-13.

Holgado R, Magnusson C, Hammeraas B, et al., 2015. Occurrence, survival and management options for potato cyst nematodes in Norway. Aspects of Applied Biology 2015, 57-63.

Kort J, Ross H, Rumpenhorst HJ et al ., 1977. An international scheme for identifying and classifying pathotypes of *Globodera rostochiensis* and *G. pallida*. Nematologica 23, 333-339.

Lax P, Rondan Duenas JC, Franco-Ponce J, et al ., 2014. Morphology and DNA sequence data reveal the presence of *Globodera ellingtonae* in the Andean region. Contributions to Zoology 83, 227-243.

Niere B, Kriissel S, Osmers K, 2014. Auftreten einer auBergewohnlich virulenten population der Kartoffelzystennematoden. Journal fur Kulturpflanzen 66, 426-427.

Reid A, Evans F, Mulholland V, et al., 2015. High- throughput diagnosis of potato cyst nematodes in soil samples. Plant Pathology: Techniques and Protocols 1302, 137-148.

Runia WT, Molendijk LPG, van den Berg W, et al., 2014. Inundation as tool for management of *Globodera pallida* and Verticillium dahlia. Acta Horticulture 1044, 195-201.

Trudgill DL, 1985. Potato cyst nematodes: a critical review of the current pathotyping scheme. EPPO Bulletin 15, 273-279.

Turner SJ, Stone AR, Perry JN, 1983. Selection of potato cyst nematodes on resistant Solanum vernei hybrids. Euphytica 32, 911-917.

USDA, 2018. Pale Cyst Nematode https://www.aphis.usda.gov/aphis/ ourfocus/planthealth/plant-pest-and-disease-programs/pests-and-disea ses/SA_Nematode/sa_potato/ct_pcn_home (accessed on 2018-03).

Wesemael WML, Anthoine G, et al ., 2014. Quarantine nematodes in potato: practical solutions using molecular tools. Potato Research 57, 365-366.

Zasada IA, Peetz A, Wade N, et al ., 2013. Host status of different potato (Solanum tuberosum) varieties and hatching in root diffusates of *Globodera ellingtonae*. Journal of Nematology 45, 195-201.

附录1——马铃薯白线虫和马铃薯金线虫高风险的寄主植物列表

Solanum tuberosum（马铃薯）

带根寄主植物：

Solanum (Lycopersicon) lycopersicum (L.) Karsten ex Farw.（番茄）

Solanum melongena L.（茄）

其他寄主植物 [EFSA（2012）中列出的植物（蒜芥茄除外），蒜芥茄被用作诱杀性植物，在防止马铃薯孢囊线虫繁殖的同时可刺激大量的卵孵化]：

Datura ferox L.（多刺曼陀罗）

Datura stramonium L.（曼陀罗）

Hyoscyamus niger L.（天仙子）

Lycopersicon glandulosum C. H. Mull.（秘鲁龙葵）

Lycopersicon hirsutum Dunal（多毛番茄）

Lycopersicon peruvianum (L.) Mill.（野生番茄）

Lycopersicon pimpinellifolium Mill.（醋栗番茄）

Lycopersicon pyriforme Dunal（花园番茄）

Lycopersicon racemigerum Lange

Nicotiana acuminata Hook.（渐尖叶烟草）

Physalis longifolia Nutt. Subglabrata

Physalis philadelphica Lam.（毛酸浆）

Salpiglossis spp.（大花美人襟）

Saracha jaltomata Schlecht.

Solanum acaule Bitter（野生安第斯山马铃薯）

Solanum ajanhuiri Juz. & Bukasov

Solanum ajuscoense Bukasov ex Rybin

Solanum alatum Moench（红果龙葵）

Solanum americanum Mill.（美洲龙葵）

Solanum anomalocalyx Hawkes

Solanum antipoviczii Bukasov

Solanum armatum R. Br. (forest nightshade)

Solanum ascasabii Hawkes

Solanum aviculare G. Forst.（澳洲茄）

Solanum berthaultii Hawkes（野生马铃薯）

Solanum brevidens Phil.（野生二倍体马铃薯）

Solanum brevimucronatum Hawkes

Solanum bukasovii Juz. ex Rybin

Solanum bulbocastanum Dun.（观赏茄）

Solanum canasense Hawkes

Solanum capsicibaccatum Cardenas

Solanum cardiophyllum (heartleaf horsenettle)

Solanum carolinense L. (Carolina horsenettle)

Solanum chacoense Bitter (Chaco potato)

Solanum chaucha Juz. & Bukasov

Solanum chenopodioides Lam. (tall nightshade)

Solanum citrullifolium A. Braun.（西瓜叶茄）

Solanum coeruleiflorum Hawkes (chaucha)

Solanum commersonii Dunal ex Poir. (Commerson's nightshade)

Solanum curtilobum Juz. & Bukasov (rucki)

Solanum demissum Lindl.（茄属植物）

Solanum dulcamara L.（苦甜藤）

Solanum elaeagnifolium Cav.（银叶茄）

Solanum ehrenbergii Rydb.

Solanum fraxinifolium Dunal

Solanum fructo-tecto Cav.

Solanum garciae Juz. & Bukasov

Solanum gibberulosum Juz. & Bukasov (chaucha)

Solanum giganteum Jacq.（大茄）

Solanum gigantophyllum Bitter (apharuma)

Solanum gilo Raddi (scarlet or tomato aubergine)

Solanum goniocalyx Juz. & Bukasov（黄马铃薯）

Solanum gourlayi Hawkes

Solanum heterodoxum Andrieux ex Dun. (melonleaf nightshade)

Solanum heterophyllum Lam. (unarmed nightshade)

Solanum indicum Roxb.（刺天茄）

Solanum integrifolium Poir.（红茄）

Solanum jamesii Torr.（野生马铃薯）

Solanum juzepczukii Bukasov (ckaisalla)

Solanum kesselbrenneri Juz. & Bukasov (phureja)

Solanum lanciforme Rydb.（心叶茄）

Solanum lapazense Hawkes

Solanum lechnoviczii Hawkes Solanum ligustrinum Lodd.

Solanum longipedicellatum Bitter

Solanum luteum Mill.（红果龙葵）

Solanum macolae Bukasov

Solanum maglia Schtdl.

Solanum malinchense Hawkes

Solanum mamilliferum Juz. & Bukasov (chuacha)

Solanum mauritianum Willd. ex Roth. (tree tobacco，ear- leaf nightshade)

Solanum miniatum Bemh. ex Willd.（红果龙葵）

Solanum mochiquense Ochoa

Solanum muricatum Bert. ex Dunal（人参果）

Solanum neocardenasii Hawkes & Hiert.

Solanum nigrum L.（龙葵）

Solanum okadae Hawkes & Hjert.

Solanum oplocense Hawkes

Solanum ottonis Hylander (divine nightshade)

Solanum pampasense Hawkes

Solanum parodii Juz. & Bukasov

Solanum pennelli Correl

Solanum photeinocarpum Nakamura & Odashima（少花龙葵）

Solanum phureja Juz. & Bukasov (chaucha)

Solanum pinnatisectum Dunal (tansyleaf nightshade)

Solanum pinnatum Bert. ex Dun.

Solanum platense Dieckmann

Solanum platypterum Hawkes

Solanum polyacanthos L' Her. ex Dun.

Solanum polyadenium Grenm（马铃薯）

Solanum prinophyllum Dunal（龙葵）

Solanum raphanifolium Cardenas & Hawkes（野生马铃薯）

Solanum rostratum Dunal（刺萼龙葵）

Solanum rybinii Juz. & Bukasov (phureja)

Solanum salamanii Hawkes

Solanum saltense Hawkes

Solanum sambucinum Rydb.

Solanum sarrachoides Sendt.（毛龙葵）

Solanum scabrum Mill.（木龙葵）

Solanum schickii Juz. & Bukasov

Solanum semidemissum Juz. & Bukasov

Solanum simplicifolium Bitter

Solanum sodomaeum Drege ex Dun. (apple of Sodom)

Solanum soukupii Hawkes

Solanum spegazzinii Bitt.

Solanum stenotomum Juz. & Bukasov (pitiquina)

Solanum stoloniferum Sclecht. & Bouche

Solanum suaveolens Kunth & Bouche

Solanum subandigenum Hawkes (andigena)

Solanum sucrense Hawkes

Solanum tarijense Hawkes

Solanum tenuifilamentum Juz. & Bukasov

Solanum tlaxcalense Hawkes

Solanum tomentosum L.

Solanum toralapanum Cardenas & Hawkes

Solanum tuberosum L. subsp. andigena

Solanum utile Klotzsch

Solanum vallis-mexici Juz. ex Bukasov

Solanum verrucosum Schlecht.

Solanum villosum Mill. (红果龙葵)

Solanum wittmackii Bitter

Solanum xanti Coville (chaparral nightshade)

Solanum yabari Hawkes (pitiquina).

附录2——与马铃薯轮作而存在马铃薯白线虫和马铃薯金线虫传入和扩散中等风险的非寄主植物举例

带根植物：

Allium porrum L.（葱）

Capsicum spp.（辣椒属）

Beta vulgaris L.（甜菜）

Brassica spp.（芸薹属）

Fragaria L.（草莓属）

Asparagus officinalis L.（石刁柏）

球茎、块茎和根茎类：

Allium ascalonicum L.（火葱）

Allium cepa L.（洋葱）

Dahlia spp.（大丽花）

Gladiolus Tourn. Ex L.（唐菖蒲属）

Hyacinthus spp.（风信子）

Iris spp.（鸢尾属）

Lilium spp.（百合属）

Narcissus L.（水仙属）

Tulipa L.（郁金香属）

附录3——不同情况下的采样率

1 马铃薯种薯和其他种植用植物调查的采样率

（a）标准采样率

采样应使用至少1 500mL/hm² 的标准采样率采取土壤样品，每公顷田地至少划分为100个核心区域，采样点之间不小于5m，宽不大于20m的长方形格子为核心区域，需涵盖整块田地。采样应进一步检查，即孢囊的分离、种类鉴定以及致病型/毒性群体的确定（如适用）。对于面积大于8hm² 的整齐田地，对每公顷额外的土壤，标准采样率可降低至400mL/hm²。

（b）减标采样率

采样应使用至少400mL/hm² 的标准采样率采取土壤样品，每公顷田地至少划分为100个核心区域，采样点之间不小于5m，宽不大于20m的长方形格子为核心区域，需涵盖整块田地。采样应进一步检查，即孢囊的获取、种类鉴定以及致病型/毒性群体的确定（如适用）。对于面积大于4hm² 的整齐田地，对每公顷额外的土壤，标准采样率可降低至200mL/hm²。

如果已知一个地区存在马铃薯孢囊线虫，则不能在该地区使用减标采样率。

2 商品马铃薯调查的采样率

采样应使用至少400mL/hm² 的标准采样率采取土壤样品，每公顷田地至少划分为100个核心区域，采样点之间不小于5m，宽不大于20m的长方形格子为核心区域，需涵盖整块田地。采样应进一步检查，即孢囊的获取、种类鉴定以及致病型/毒性群体的确定（如适用）。采用杂草土壤（从已收割完马铃薯的田地上取来）采样方法也可能得出同等的结果，但是有待证实和公布。

3 定界调查的采样率

采样应使用至少1 500mL/hm² 的标准采样率采取土壤样品，每公顷田地至少划分为100个核心区域，采样点之间不小于5m，宽不大于20m的长方形格子为核心区域，需涵盖整块田地。采样应进一步检查，即孢囊的分离、种类鉴定以及致病型/毒性群体的确定（如适用）。

附录4——马铃薯孢囊线虫发生的检测

是否发生马铃薯孢囊线虫可以通过以下方法来检测。根据情况选取适当的步骤进行测定。

1 确定马铃薯孢囊线虫孢囊发生的田间采样和检测

应根据附件3附录3"不同情况下的采样率"对田地进行采样和检测，以确定马铃薯孢囊线虫孢囊是否发生。应根据EPPO诊断协议PM 7/ 119提取土壤样品。

2 孢囊内所含卵的活性检测

孢囊线虫可以在土壤中存活许多年，通常长达数十年。根据EPPO标准PM 7/40可在土壤中检测到带活体内容物或不带活体内容物的孢囊。土壤中孢囊的发现，表明取样田地曾经或现今被马铃薯金线虫或白线虫侵染。在欧洲，如果在曾经用来生产马铃薯的田地上测出无活体内容物的孢囊，则这些孢囊很可能是马铃薯白线虫和金线虫的孢囊。但其他孢囊种类（例如艾球孢囊线虫、*Globodera millefolii* 或烟草球孢囊线虫）也存在于EPPO地区，因而NPPO应决定在检测孢囊存活性前是否应进行种类鉴定。

只有含有带活体卵的孢囊的样本被认为是呈阳性的孢囊，才能被用于种类鉴定。所有含有卵的孢囊应根据EPPO标准PM 7/40进行活性检测。

在有些情况下，可能不能进行活性检测，例如从孢囊提取DNA用于马铃薯孢囊线虫检测和鉴定（见PM 7/40）。不进行肉眼检查的DNA检测方法不能区分孢囊是否含有活体卵或非活体卵。

活性检测对检查控制计划是否成功也很有必要。在这种情况下，如果检测孢囊，那么孢囊可能没有卵或者含有非活性的卵。但是，将一个样品的活性检测结果推算到整块田地时，应非常谨慎。根据一个或一些孢囊来判断一块田地中的整个孢囊线虫种群的活性是不可能的（例如，某段时间缺少寄主植物）。检测出带活体卵的孢囊往往是存在存活马铃薯孢囊线虫群体的证据，但一个不带活体卵的孢囊不一定意味着整个田地内的马铃薯孢囊线虫群体也是不存活的。与孢囊相关的风险因孢囊卵和活性而不同（具体描述见表4）。

从管制目的出发，可能有必要设置限值并定义。比如，如果正式样品中的所有孢囊不含活体卵，则对马铃薯孢囊线虫是否存在这项来说，样品呈阴性。由于孢囊（不含活体卵）在田地土壤中长期持续存在（长达数十年），在没有不合理限制的情况下，这类决策可能对允许马铃薯生产来说很有必要。

最好用没有孢囊（包括空孢囊）的田地种植马铃薯，特别是马铃薯种薯（见附件3 5.1"马铃薯种薯的生产"）。如果检测到不含活体卵的孢囊，则最好通过额外的样品来评估马铃薯孢囊线虫的扩散风险。如果马铃薯孢囊线虫的扩散风险高，那么NPPO可限制马铃薯种薯的生产。

在向某些要求田地或地区无马铃薯孢囊线虫的国家出口相关产品时，发现任何孢囊线虫的空孢囊都会成为货物拒收的理由。

3 种类鉴定

实验室应熟悉EPPO标准PM 7/40，该标准描述了如何鉴定马铃薯白线虫和金线虫。

只有孢囊含有活体卵的样本，且活体卵被鉴定为马铃薯白线虫或金线虫以及被检测出物种的DNA，才能被认为是呈阳性样本。如果在采样过程中只检测到了一个孢囊，且因操作不当致使鉴定失败，不能由此确定种类，建议应重新对该田地进行采样。

4 致病型的测定

为了筛选具有合适抗性水平的马铃薯栽培品种，致病型的测定很重要。如果使用对当地存在的马铃薯孢囊线虫致病型具有抗性的马铃薯，那么没必要进行致病型测定。

以下致病型被报告在EPPO地区出现：

• 马铃薯白线虫：Pa1（仅大不列颠岛），Pa2/3；
• 马铃薯金线虫：Ro1，Ro2/3，Ro5（仅欧洲大陆）。

目前亚洲大陆不需要考虑"南美致病型"。

如果疑似出现新的毒性致病型，则致病型的鉴定应是强制性的，例如Pa3-抗病马铃薯栽培品种将被允许在以前被鉴定为受马铃薯白线虫Pa3侵染的田地上繁殖。在其他情况下，致病型的确定可能没有必要（表1）。

表1 基于马铃薯孢囊线虫孢囊的检测和活性的风险估计

植物检疫风险	孢囊线虫孢囊的检测	结果分析
低风险	无孢囊	如果在标准采样率下采样（附件3附录3 1.1），则该区域被认为不太可能被侵染
中等风险	只有孢囊，不带活体卵，包括空孢囊	该区域被认为不太可能被侵染。应注意的是，田间过去出现过马铃薯孢囊线虫。在确定第一个带少量非活体孢囊的样品后，国家植物保护组织应在风险分析后决定是否取额外的样品来确认是否存在孢囊线虫
高风险	孢囊有活体卵	该区域被侵染

生化方法，例如蛋白质电泳或DNA技术，可以用来辨别马铃薯白线虫和金线虫种群。但目前没有可用的生化或分子试验来可靠地区分马铃薯白线虫和金线虫的致病型。致病型鉴别只能通过一组具有不同抗性特征（生物测定）的不同马铃薯栽培品种来完成（附件3附录5）。

5 结果的记录

官方研究或调查的结果应予以正式记录。根据监测控制计划，官方研究或调查田地的结果应予以记录。以下3类应予以记录：

• 被侵染田地：存在带有活体卵的马铃薯白线虫和马铃薯金线虫孢囊，或直接从土壤悬浮液提取DNA的情况下，马铃薯孢囊线虫的检测和鉴定为阳性的样品。

存在孢囊不带活体卵的马铃薯白线虫或马铃薯金线虫孢囊的未被侵染田地，包括空的孢囊。在使用仅针对马铃薯孢囊线虫DNA或生物测定的方法的情况下，这类结果不能予以记录。

• 不带任何马铃薯白线虫和金线虫孢囊或其DNA的未被侵染田地。

NPPO应定义以下项目为"被侵染的"：

• 所采样品呈阳性的田地；
• 来自被侵染田地或被污染地块的废物（土壤）。

NPPO应定义以下项目为"被污染的"：

• 在被侵染田地中种植的马铃薯或植物；
• 来自被发现存在带活体内容物的孢囊的地块的马铃薯或植物；
• 与来自被侵染土壤接触过且没有经过有效清洁的设备和其他物体（机械、包装材料、运输装置和车辆、存储区域等）。

NPPO应定义以下项目为"很可能被侵染的"：

• 接收过被侵染或被污染土壤或植物的田地；
• 使用过之前在被侵染田地上使用的或者与来自被侵染田地接触过且没有经过彻底清洁的设备。

6 田地状态的重新界定

被指定为被侵染或可能被侵染的田地的状态，可在采取适当措施抑制这些田地中线虫种群后（例如官方控制计划），重新进行检测。田地状态根据附件3附录3（a）进行检测，确定是否存在马铃薯孢囊线虫。应根据EPPO标准PM 7/119提取土壤样品。应根据附件3附录4 2"孢囊内所含卵的活性检测"展开活性检测（孢囊卵的活性检测）。

最开始，可在被官方记录为被侵染状态3年后的田地展开这些检测。在此期间，被侵染田地应实施附件3 7"入侵的根除"或附件3 6.2"抑制策略"所述的根除或抑制方案。进行有效处理后，3年的期限可以减少。

附录5——马铃薯白线虫和马铃薯金线虫致病型的生物测定

应尽早对任何出现新的或者不寻常毒性迹象的种群进行检测（例如，欧洲马铃薯栽培品种中出现克服抗性的情况）。在实践中，种群毒性可以在各国使用的一系列品种上进行检测。EPPO标准PM 3/68《用于评估对马铃薯金线虫和马铃薯白线虫具有抗性的马铃薯品种检测》为如何进行生物测定提供了指导。

附录6 ——对马铃薯白线虫或马铃薯金线虫致病型具有抗性的马铃薯栽培品种的选择指南

抗病马铃薯栽培品种的反复栽培会导致毒性线虫种群的选择（"抗性突破"种群）。与具有不同抗性背景的品种轮作（如果可能），更长的轮作期（不种植马铃薯的期限超过3年）和成功的自播马铃薯管控可减少选择压力，这些应作为任何管控方案的一部分（表1）。

如果出现混合线虫种群时，更换种植对两个线虫种群（马铃薯白线虫和马铃薯金线虫）具有抗性的栽培品种，有助于避免任何一个线虫种群的逐步增加。

表1 马铃薯栽培品种抗性需求表

已确定的致病型（毒性群体）	马铃薯栽培品种所需的抗性
马铃薯白线虫 Pa2	Pa2 或 Pa3
马铃薯白线虫 Pa3	Pa3
马铃薯白线虫 Pa2/Pa3 (Pa2/3)	Pa3
马铃薯金线虫 Ro1	Ro1 或 Ro4
马铃薯金线虫 Ro4	Ro1 或 Ro4
马铃薯金线虫 Ro1/4	Ro1 或 Ro4
马铃薯金线虫 Ro2	Ro3（包括Ro2）或 Ro2/3
马铃薯金线虫 Ro3	Ro3（包括Ro2）或 Ro2/3
马铃薯金线虫 Ro2/3	Ro3（包括Ro2）或 Ro2/
马铃薯金线虫 Ro5	Ro5
马铃薯金线虫 Ro2/3/5	Ro3（包括Ro2）或 Ro2/3 和 Ro5

附件4 PM 3/75 (1)马铃薯金线虫和马铃薯白线虫：出口前和进口时对附着在马铃薯块茎上的土壤进行取样检测

具体范围

本标准描述了在出口包装前和进口时对该批次马铃薯是否携带马铃薯金线虫和马铃薯白线虫进行检测的相关程序。本标准不涉及种用马铃薯(包括农场贮藏的种薯)。本标准不适用于无土马铃薯(如清洗过的块茎)和散装贮存的马铃薯。

具体批准和修订

首次获批：2014年9月。

引言

马铃薯金线虫和马铃薯白线虫（马铃薯孢囊线虫）为EPPO（欧洲和地中海国家植物保护组织）A2类有害生物，可以在EPPO/CABI（1997）和EPPO网站上植物检疫数据检索系统(PQR)中找到它们的生物学、分布和经济重要性方面的详细信息。

马铃薯孢囊线虫在EPPO覆盖地区的大部分区域均有发生，然而人们并不确切了解它们在大部分区域的分布情况。虽然那些已被官方确定为受侵染农田里的马铃薯生产通常会由EPPO成员国进行监管，但马铃薯孢囊线虫发生状况未知的农田里的马铃薯生产却不受监管。

一些国家可能要求检测马铃薯块茎上的土壤，以证明其不含马铃薯金线虫和马铃薯白线虫（EPPO标准PM 3/70和PM 3/71）。而其他国家则要求证明用于出口和国内消费种植马铃薯的农田不存在马铃薯孢囊线虫。种植前对农田土壤进行取样和检测以确定不存在马铃薯金线虫和马铃薯白线虫，是一项针对马铃薯种薯的基本要求，并且也可以确认该批次马铃薯无此类有害生物。然而，在种植前对农田进行取样和试验以检测马铃薯是否携带马铃薯孢囊线虫有一些局限性。例如，许多国家并没有建立马铃薯生产的土壤取样和检测的标准化体系，引入这种制度可能难以推行。作为种植前土壤检测的替代方法，同时兼顾灵活性，下文描述了对附着在马铃薯块茎上的土壤进行取样的方法，该程序不适用于散装贮存的马铃薯。

在装运或进口时，对附着在马铃薯块茎上的土壤取样进行马铃薯孢囊线虫检测的主要优点：

（1）由于检测结果可以直接赋予出口货物，改善结果的可追溯性，从而提高贸易的透明度。否则，农田中的作物一旦被清除，则可能难以可靠地追溯产地。

（2）相较于农田取样，每批次马铃薯土壤取样（例如在装运时）可能更快。然而，在等待检测结果时，装运点需要配备足够的仓储设施。

（3）因为在种植作物之前无需进行田间取样和检测，这种方法在销售方面给予马铃薯生产者更大的灵活性。

（4）进口国可以对同样的材料（附着的土壤）进行类似的控制和检测。

出口前或进口时对该批次马铃薯进行取样

在包装前、出口装运前、出口安全储存前或进口卸货期间对附着在马铃薯块茎上的土壤立即进行官方取样。应当采用以下方法：

在分拣和包装过程中，可以刷净、清洗或处理马铃薯块茎，使附着在块茎上的土壤脱落。应将这些土壤收集在一个干净的容器内。所有用于分拣和清洗的设备均应采用这种方式处理，从而使不同批次之间交叉污染的风险最小化。

或者，随机选择若干袋或箱马铃薯（请参见EPPO标准PM 3/70），倒空或摇晃货物，并收集土壤。这种方法需要确保样本能够代表整批货物。

从收集的土壤中按照每吨马铃薯至少10mL但不超过50mL的土壤样本要求进行官方取样并检测。进口国可在此范围内规定适当的取样水平。土壤样本应当能够代表整批货物。如果可用的土壤量低于最低要求（如，马铃薯经过刷洗处理或产自沙质土），则应检测所有可用的土壤或残渣。在所有情况下，都应当将抽样率记录在案。

在取样之后，应立即将马铃薯装入新袋子或经过清洗消毒的干净容器之中。该方式不适用于未包装（散装储存）的马铃薯。该批次的马铃薯应贮存在适当的条件下，直到获得检测结果，以确保可追溯性。应注意不能让已装箱检测的马铃薯接触可能被马铃薯孢囊线虫侵染的马铃薯或土壤。

鉴定

土壤样本应由官方实验室进行检测，检测应采用EPPO标准PM 7/119中关于线虫提取的马铃薯孢囊线虫提取方法。孢囊鉴定应按照EPPO诊断规程PM 7/40中关于马铃薯金线虫和马铃薯白线虫所述的方法进行。

参考文献

EPPO/CABI, 1997. Globodera rostochiensis and *Globodera pallida*. In: Quarantine Pests for Europe, 2nd edn (eds Smith IM, McNamara DG, Scott PR & Holderness M), pp. 601-606. CAB International, Wallingford (GB).

EPPO Standard PM 3/70 Export certification and import compliance checking for potato tubers. Available at http:// archives.eppo.int/ EPPOStandards/procedures.htm [accessed on 1 September 2014]. EPPO Standard PM 3/71 General crop inspection procedure for potatoes. Available at http://archives.eppo.int/EPPOStandards/ procedures. htm [accessed on 1 September 2014].

EPPO Standard PM 7/40 Diagnostic Protocol for *Globodera rostochiensis* and *Globodera pallida*. Available at http://archives. eppo.int/EPPOStandards/diagnostics.htm [accessed on 1 September 2014].

EPPO Standard PM 7/119 Nematode extraction. Available at http:// archives.eppo.int/EPPOStandards/diagnostics. htm [accessed on 1 September 2014].